문제

김 수 영

김수영

- 1949년 3월 16일생
- 부산대학교 조선해양공학과 학사(1974)
- 현대중공업 기사(1973~1975)
- 부산대학교 조선해양공학과 석사(1977)
- TU-Berlin 조선해양공학과 박사(1987)
- 부산대학교 조선해양공학과 교수(1988~2014)

문제

초판 1쇄 2020년 10월 23일
초판 2쇄 2020년 12월 16일

저자 김수영

표지 디자인 박지영
내지 디자인 박지현

펴낸이 차정인
펴낸곳 부산대학교출판문화원
출판등록 제1983-000001호 1983. 11. 10.
주소 부산광역시 금정구 부산대학로63번길 2
전화 (051) 510-1932, 1933, 1935, 1967
전송 (051) 512-7812
메일 pnupress@pusan.ac.kr
홈페이지 https://press.pusan.ac.kr/

* 잘못된 책은 구입처에서 교환해 드립니다.

정가 20,000원

ISBN 978-89-7316-679-4 03400

이 도서의 국립중앙도서관 출판예정도서목록(CIP)은
서지정보유통지원시스템 홈페이지(http://seoji.nl.go.kr)와
국가자료공동목록시스템(http://www.nl.go.kr/kolisnet)에서 이용하실 수 있습니다.
(CIP제어번호: CIP2020044983)

문 제

Dr. -Ing. 김수영

문제란
무엇인가?

세상의 모든
문제들은
어떤 특성을
가지는가?

문제들은
어떤 해결원리를
따르는가?

부산대학교출판문화원

서문

문제는 현재를 살고 있는 우리에게만 일어나는 것이 아니라 우리들의 아득한 원시 조상들에게도 있었고, 우리들의 멀고 먼 후손들에게도 일어날 것이다.

그것은 우리가 개체보존본능과 종족보존본능을 가지는 한 항상 발생할 것이고, 우리들 각자가 스스로를 세계의 중심으로 여기고, 우주 만물이 자신을 중심으로 움직인다고 여기는 한, 늘 나타날 것이다. 우리가 태어나면서부터 지니는 개체보존본능과 종족보존본능은 자연이 갖고 있는 한정된 자원 (식량과 배우자를 중심으로 하는 물질, 정보, 에너지)의 확보를 위한 경쟁을 지속시킬 것이다. 한정된 자원을 향한 이러한 경쟁은 현재상태와는 다른 목표상태를 줄 것이며, 새로운 문제를 만들 것이다.

인간 각자가 자신을 세계의 중심이라고 생각하기에 동일한 어떤 상황에 대한 각자의 관점은 조금씩 달라진다. 이러한 관점의 차이가 바로 문제를 만들어 낸다. 그러므로 문제는 시간을 초월하고, 공간을 넘어서고, 인종이나 종교와 문화를 벗어나서 인간들이 있는 곳에서는 항상 발생하는 일종의 환경이다. 그러면서 문제는 마치 사물이 물리법칙에 따라서 작용하고 운동하듯이, 자연현상의 일부로서 물리법칙과 인간의 기본 본능에 따라서 발생하고, 작용하며 소멸된다.

대화1 짧은 시간여행

병목이가 베테랑의 연구실에 갔더니, 베테랑이 뭔가를 열심히 쓰고 있었다. 신기하게도 고개를 돌린 적도 없고, 눈을 들어서 본 것도 아닌데, 손으로는 글을 쓰면서,

"병목이 왔어?"

라고 했다.

베테랑의 연구실엔 책이 많다. 공학, 수학, 물리책만 있는 게 아니라, 괴로운 제목의 책도 한두 개가 아니다. 예를 들면, 'Gödel, Escher, Bach'도 있고, '악인의 지혜'도 있으며, '스탈린그라드'도 있다. 서가의 책은 자유롭게 꺼내 볼 수 있는데, 베테랑의 매력이 바로 너그러움이다.

갑자기 병목이의 고질병인 궁금증이 도졌다.

"무엇을 그렇게 쓰십니까?"

"문제!"

"예?"

"문제!"

"저한테 문제가 있느냐고요?"

"아니다. 지금 '문제'에 대해서 쓴다."

"무슨 말씀이신지?"

"문제에 대해서 정리하고 싶어서 이제 막 쓰기 시작했다."

"혹시 제게 시키실 일이 있으면 시켜주십시오."

"그러면 내가 종이에 쓰는 글과 그림을 컴퓨터에 넣어줄래?"

"좋습니다. 그 대신."

"그 대신, 뭐?"

"제가 알아듣게 설명을 한 번씩 해주시면 좋겠습니다."

"그러자!"

"그런데 언제 이 생각을 하셨습니까?"

"15년 정도 된다."

"그런데…"

"왜 이제야 쓰기 시작하느냐고?"

"예."

"지금 안 쓰면, 누군가가 써주지 않을 것 같아서."

"그러면 저는 뭘 할까요?"

"이걸 읽고, 컴퓨터에 집어넣어라."

병목이가 받아보니 "짧은 시간여행"이라는 글이었다. 병목이는 그 제목이 마음에 들었다.

"시간여행? 좋지! 짧으면 더 좋지!"

그러면서

"빠르기도 하시지, 언제 이 만큼을 썼노?"

짧은 시간여행

우리의 삶은 사람들이 겪는 모든 경우를 직접 경험할 수 있을 만큼 길지 않다. 정확히 표현하면 번갯불이 스쳐 지나듯 짧다. 그런데도 여기서 내가 이런 경험을 할 때, 저기서는 저 사람이 저런 경험을 한다. 같은 시간대에 살면서 서로 다른 경험을 하고, 서로 다른 시간대에 살면서는 같은 경험을 한다. 그래서 우리가 경험할 수 있는 것들의 스펙트럼을 살펴보려면 태평스런 평화 시대와 엄중한 위기 시대를 찾아보는 시간여행을 해볼 필요가 있다.

먼저 중국의 송나라로 가보면:

"춤추는 꽃들 사이로 배는 붉어,
반나절의 바람을 타고 백 리를 미끄러져 오네.
뱃전에 기대어 머문 구름을 보니,
구름도 나도 東으로 가는 줄을 모르는구나!"

東으로 향하는 중국의 강물을 타고, 미끄러지듯 바람에 밀려가는 붉은 색깔의 배가 떠오른다. 늦봄이나 초여름의 살랑대는 산들바람은 잎 그늘 사이사이에 만개한 꽃들을 흔들고 있다.

이런 풍광 속에 노니는 사람이라면, 반신선으로서 어떤 근심도 걱정도 그래서 아무 문제도 없을 것 같다.

2차 대전 당시의 러시아로 가보면:

"맑은 날 밤하늘을 올려다보면, 쏟아져 내릴 것 같은 셀 수 없이 많은 별들이 맹렬한 추위와 포격으로 무너져 내리는 병사들의 머리 위에 있다. 안드로메다와 페가수스처럼 크고 아름다운 가을의 별자리를 이루는 것들도 있고, 성좌들 사이에 흩뿌려진 보석 같은 작은 별들도 무수히 많다."

이렇게 낮에는 미풍에 흔들리는 꽃들 사이로 미끄러지고, 밤에는 쏟아져 내릴 것 같은 별들을 이고 사는 우리의 머릿속에는 하늘의 별이나 해변의 모래알처럼 수많은 문제들이 끊임없이 나타나 우리의 용기와 지혜와 결단을 시험한다. 그래서 일상의 작은 문제에서부터 국가운영의 정치적 결정에 이르기까지 우리의 결정을 요구한다. 이를 해결하면 다음 문제가 우리를 기다리고, 이를 해결하지 못한다면 이들 미해결의 문제들은 고뇌와 번민의 강으로 우리를 밀어 넣거나, 차꼬처럼 발목을 잡고 늘어져 파국이라고 부르는 파멸적 상황으로 몰아넣는다.

그러므로 우리는 온갖 형태로 줄지어 나타나는 문제들을 처리해야한다. 그러기 위해 이들 문제의 본질을 살펴볼 필요가 있다. 그렇게 문제의 본질을 파악할 수 있으면, 이들 문제에 내재하는 공통의 특성들을 묶으면서 문제를 해결하는 원칙을 정리할 수 있게 되며, 우리를 둘러싼 문제들을 일정한 규칙으로 다룰 수 있을 것이다.

인간의 오늘을 이루는 문명과 문화와 역사의 흐름을 거슬러 올라가면, 천재적인 발상이나 착상으로 그들이 직면했던 어려운 문제들을 해결했던 수많은 사례와 인물들을 만나게 된다.

이들 위대한 인물들이 해결해야만 했던 문제들은 그 방향과 깊이가 천차만별로 다양하며, 현대문명의 토대를 이루는 과학과 공학뿐 아니라 정치나 심리 그리고 사회와 문화에까지 이르는 인간 삶의 모든 영역을 포괄한다.

우리 인간이 해낸 모든 중요한 문제의 해결은 그 순간을 기점으로 다음 단계의 발전 방향을 제시했고, 동시에 새로운 변화의 토대가 되어주었다. 그러면서도 시간의 무대 위에서 다양한 모습으로 해결된 문제들은 우리에게 기묘한 유사성을 느끼게 하고 있다. 그래서 우리가 뭔가 손에 잡힐 듯한 문제들의 유사성에 관해서 생각하게 될 때면, 먼저 두 가지를 떠올리게 된다.

① "문제"란 무엇일까?
② 천재적인 인물들은 어떤 사고 체계를 통해서 (그들이 당면한) 문제해결에 도달했을까?
(어떻게 그런 착상과 발상에 도달하는가?)

첫 번째의 ①번 물음에서는 어떤 상황이 만드는 문제를 다룰 때 그 "문제"가 무엇인지 정의하지 않고 출발하면 "사과의 법칙"이 작용한다는 의미가 깔려있다. 그래서 거의 전체를 다 알아도 마지막에는 그 전부를 모르게 되는 경우가 대부분이다.

여기서 "사과의 법칙"이란 뉴턴의 만유인력과 관련된 에피소드의 사과와는 관련이 전혀 없다. 이것은 강의시간에 즐겨 시간 보내기를 하면서 했던 이야기를 지칭하는데 다음과 같다. :

"내가 오늘 시장에 가서 아주 먹음직한 사과를 샀다. 우리 가족 5명이 한 개씩 먹었는데, 맛이 기가 막혀서 도저히 우리만 먹을 수 없었다. 그래서 우리 앞집에 스무 개를 나눠주고, 그 사과가 다 팔리기 전에 더 사야겠다고 생각하고는 급히 그 가게로 가서 50개를 더 사왔다. 지금 사과는 몇 개가 남아있을까?"

이렇게 싱거운 질문을 이야기 끝에 슬쩍 덧붙이면, 학생들은 방심하던 허를 찔려선지 당황하다가 급하게 뭔가를 계산해보고는 "몇 개!"라고 답하기 일쑤다. 그러다가 한 번 더 차분히 생각하고는 맨 처음에 시장에서 몇 개를 샀는지를 모르기 때문에 마지막에도 몇 개가 남았는지를 알 수 없다고 항의 비슷하게 따지듯 답을 한다. 그리고 바로 그 대답과 항의 비슷한 따짐이 "사과의 법칙"을 설명하기 위한 전제가 된다.

그렇다! 이것을 수식으로 나타내면,

사과 : □ − 5 − 20 + 50 = ? 이 된다.

여기서 우리는 맨 처음의 “□”만 모르고 있지 그다음부터의 우리 가족이 먹은 다섯 개의 사과를 나타내는 -5와 앞집에 나눠준 스무 개를 나타내는 -20, 그리고 새로 사 온 쉰 개의 +50은 모두 다 계산할 수 있고 그래서 시작을 제외한 나머지는 전부 다 안다.

위의 식을 좀 더 확장하면

□ - 5 - 20 + 50 × 100 ÷ 0.7 = ?

와 같은 사칙연산뿐 아니라 온갖 기호와 연산자를 다 사용하고, 시작을 제외한 모두를 다 안다고 해도 처음의 출발값을 모르면, 거의 전체를 다 알면서도 전부를 모른다.

이것이 바로 “사과의 법칙”으로서 “시작이 모호하거나 명료하지 않으면, 그 뒤의 온갖 내용을 다 알더라도 그 전체를 모르게 된다!”이다. 그러므로 공부를 할 때는 목차와 서론과 1장이 가장 중요하고, 논리의 전개나 추론에서는 출발점의 정의가 필수가 된다.

그런데 묘하게도 여러 문제 —공학문제, 사회문제, 군사문제, 심리문제, 환경 문제 등등—을 다루는 책이나 논문에서는 거의 다가 “문제”의 정의 없이 문제를 다루고 있다. 이는 마치 “미학”책에서 미(美: 아름다움)가 무엇인지 정의하지 않고 아름다움에 대한 논리의 전개를 하는 것과 같다. 이것은 출발점의 블랙홀 같아서 그 이후의 모든 논리를 삼켜버린다. 그러므로 우리는 모든 문제들을 포함하는 “문제의 정의”가 필요하고, 문제를 다루는 출발점을 명료하게 해야 된다.

그리고는 두 번째의 ②번 물음은 "천재들은 도대체 어떻게 그런 해결책에 도달하는가?"로서 "그들의 사고 체계는 우리 보통의 인간들과는 사고나 추론의 경로가 아예 다른가? 아니면 같은 경로이지만 추론의 보폭이 넓어서 우리 평범한 인간들은 징검다리나 디딤판 없이는 그들이 건너뛰는 보폭을 도저히 따라가지 못하는 것인가?"로 된다.

만약 천재들의 사고 체계가 우리와는 전혀 다르다면, 우리는 절망해야 마땅하고 천재에서 천재로 이어지는 어둠 속의 횃불을 기다리고 기다려야 한다. 그러나 천재들의 사고 체계는 우리 일반인과 다를 바 없지만, 연산 보폭이 엄청나게 넓어서 우리가 건너뛰지 못하는 간격으로 생각의 디딤판을 밟고 간다면, 우리 모두에게도 "문제해결"의 기회가 주어진다. 그들이 건너뛴 10m 간격의 디딤판 사이사이로 우리가 디딜 수 있는 50cm의 간격의 징검다리를 깔아 넣는다면 "너무 늦지 않게" 같은 종착지 —문제해결— 에 도달할 수 있기 때문이다.

여기서 갑자기 "너무 늦지 않게"라는 말을 슬쩍 집어넣은 것은 모든 문제와 문제해결에는 시간적 제약과 공간적 제약이 걸려있기 때문이다. 그래서 신속한 문제해결만이 진정한 해결이고, 유용한 해결이라고 평가받게 된다.

그러므로 우리는 동일한 특성을 가진 문제들을 선별하고, 문제해결은 우리나 천재들이나 동일한 사고와 추론을 한다고 믿으면서 문제에 따라붙는 조건들을 감안하면, 다양한 문제들을 일정한 원칙으로 다룰 수 있게 된다. 생각해 보면 우리는 초등학교부터 고등학교까지, 그리고 대학교까지 교육을 받고 또 받으며, 공부를 하고 또 한다.

그런데 묘한 것은 그토록 많은 과목을 그렇게 오랜 시간 공부하는 동안 우리가 "왜 그렇게 많은 과목을 그렇게 오랫동안 공부하는가?"에 대한 본질적 의문도 없었고, 질문도 없었으며, 그 점에 대해서 생각해 본 적도 없었다는 것이다. 그리고는 그토록 많은 과목을 그토록 오랫동안 공부했는데도 "지금까지 공부한 게 무엇인가?"라고 스스로 물었을 때 갑자기 말문이 막히고, 왜 막히는지가 설명되지 않는 것도 기묘하다. 우리는 무엇을 목표로 공부했는지 그리고 무엇을 공부했는지를 딱 한 마디로 압축해서 대답할 수가 없는 것일까? 그 답을 찾기 위해

→ "우리는 왜 공부하는가?"
하고 지나가는 학생들에게 물어보자.

"사회적 신분 상승을 위해서.",
"좋은 직업을 가지려고.",
"우리 사회에 기여하기 위해서.",
"부모님을 기쁘게 해드리기 위해서.",
"지적 호기심을 충족시키기 위해서.",
"인격을 도야하기 위해서."
등등으로 거창한 답에서부터
"높은 수입과 매력적인 배우자 선택에 유리하도록"
"부모님과 선생님이 하라니까, 할 수밖에"

라는 현실적 필요성이 반영된 답까지 골고루 나온다.

그렇지만 그 모든 대답이 약간씩은 무엇인가 빠져서는 안 될 게 빠져있다고 느끼게 한다. 그래서 약간씩의 아쉬움을 합쳐보면 이 모든 답의 배후에 숨어있는 확실한 (공부의) 필요성이 떠오른다. 바로,

"예측을 위해서!"

이다.

다시 말해, 모든 공부와 배움이 어떤 상황들에 대한 예측능력을 키우는 것이었고, 공부는 예측능력의 축적과 강화를 위해서였다.

그렇다면 예측은 무엇에 필요한가? 하는 연계된 질문이 떠오르는 게 당연하고, 그러면서 예측은 일상에서 일어나는 여러 문제들을 해결하기 위해 필수적인 요소인 것을 바로 느낄 수 있다.

그렇게 돌고 돌아서 "문제"란 무엇인가? 라는 질문이 다시 얼굴을 내밀면서 나타난다.

목차

대화 목차

A

문제란 무엇인가?

대화 2 문제란 무엇인가

〈짧은 시간여행〉을 컴퓨터에 넣으면서, 병목이는 "사과의 법칙"이 마음에 쏙 들었다. 그래서 베테랑이 강의 첫 시간에 "시작이 반이다!"를 강조하고, 강의 마무리 날은 "백 리 길은 구십 리가 반이다!"로 끝을 맺는구나! 하고 감탄하다가, 그게 아니라는 걸 생각했다.

"사과의 법칙은 출발점을 모르면, 그 뒤의 모든 것을 다 알아도 전체를 모른다는 것이구나! 그러니깐 베테랑이 정의(Definition)를 그토록 중요시하는구나!"

그러면서 연구실에 들어서자마자 베테랑이 안겨준 〈문제정의〉를 읽기 시작했다.

베테랑은 장난기 넘치는 정신과는 달리, 몸이 어딘가 신통찮다. 몇 년 전의 글씨는 큰 도장만큼씩 분명한데, 지금은 깨인 지 이(虱)인 지 구분이 안 가는 크기다. 차라리 빈대 크기만 되어도 읽기 편하겠다고 툴툴거리면서 문맥으로 읽는다. 그렇게 눈을 찌푸리고 읽어가던 병목이는 갑자기 베테랑이 베테랑답다고 느꼈다. 문제가 무엇인지를 병목이 자신도 알 수 있게 정의했기 때문인데, 그 설명의 예에 나오는 평점이 모자라는 노는 학생은 병목이 자신이고, 못된 카사노바는 병목이가 여자였더라도 진저리가 쳐졌을 것 같아서였다. 그렇지만 카사노바도 나름대로 노력을 하긴 한다. – 하루에 스무 번 넘게 전화하는 게 어떻게 그리 쉬울 수 있겠는가?

A 문제란 무엇인가?

우리들 보통사람들은 이런 거북한 질문을 받으면, 난감해진다.

분명히 아는 건데 대답이 안 나오니, 질문도 짜증스럽지만 그런 걸 물어보는 사람도 코피를 내주고 싶다.

이런 괴로운 질문은 개념의 근본적 확인으로서 예를 들면, 아름다움(美)이란 무엇인가? 같은 것들이다.

이럴 때 우리는 간단한 해결방법이 있다.

그 항목에 속하는 예들을 모으고, 이들 각각의 경우에서 개별적인 특성은 배제하고, 공통적인 특성을 추출하여 정성적으로 표현하면 된다.

※ 앞으로 아래 색의 바탕이 나오면 건너뛰어도 아무 지장 없다. 어쩌면 더 간명하게 읽을 수 있다.

"문제란 무엇인가?"를 정의하는 예를 들어보자.

- Step 1: 다양한 문제들을 모아서 목록을 만든다.
- Step 2: 문제목록에서 각 문제들의 개별적 특성을 제거한다.
- Step 3: 문제목록에서 남아있는 공통적 특성을 정성적으로 표현한다.

Step 1: **문제들의 목록화**

- 잡다한 여러 문제들을 목록화 한다.

① "학점 평점이 2.9네. 3.0은 돼야 하겠는데!"

- 노는 학생

② "0:1인데, 1:1로 비기기라도 해야!"

- 지고 있는 축구감독

③ 깨가 쏟아지는 커플을 보면서,

"구름을 탔네. 탔어! 나는 언제 저래보나?"

- 짝없는 복학생

④ "이제 하루 스무 번씩 전화해 줄 때가 됐구나!"

- 못된 카사노바

⑤ "네가 먼저 먹어봐!"

- 수상쩍은 음식물을 권하는 고약한 양보자

〈끼워 넣기〉

『오래전 이야기다.

해군본부에서 연구발표회가 있었다.

같은 차에 J 교수가 타고 갔는데, 갑자기 내게 물었다.

"선생님, 여자를 떼려면 어떤 게 제일일까요?"

"무슨 말인데?"

"안 떨어질 것 같은 여자가 있으면 어떤 방식이 먹힐까요?"

"거 참 난감한 문제네!"

"여자한테 잘해주면 떨어진답니다."

"뭐? 잘해주는데 왜 떨어져 나가?"

"하루에 20번 정도 전화해서,

"목소리 듣고 싶다. 보고 싶다. 지금 뭐 하노? 누구랑 있노? 오늘은 얼마 썼노? 얼마가 남았겠네! 또 전화할게!"

이렇게 계속하면 처음 며칠은 좋아하다가 나중에는 "전"자만 봐도 진저리를 치고 도망간답니다."

"우하하, 입담이 뛰어나니, 나중에 우두머리 하시겠네!"

그렇게 웃으면서, 카사노바가 쉬운 일을 하시는 분이 아니란 걸 알게 되었다.

그뿐 아니라, 이 카드는 카사노바 퇴출에도 절대적 효력을 지닌다고 직감했다.

세상사는 장군을 부르면 멍군이 답하기 마련이다.』

Step 2: **개별적 특성 제거**

- 목록의 개별적 특성을 제거하고, 공통의 특성을 남긴다.

① 현재상태에서 학점이 2.9, 목표상태의 학점은 3.0

→ 학점이라는 개별특성 제거

• 현재상태: 2.9, 목표상태: 3.0

② 현재상태에서 점수 0:1, 목표상태의 점수는 1:1

→ 득점이라는 개별특성 제거

• 현재상태: 0:1, 목표상태: 1:1

③ 복학생의 경우를 기호로 표시하면, 현재상태에서 ♂, 목표상태는 (♂ + ♀)

→ 짝이라는 개별특성 제거

• 현재상태: ♂, 목표상태: (♂ + ♁)

④ 못된 카사노바의 경우는 현재상태가 (♂ + ♁), 목표상태는 ♂

→ 교제라는 개별특성 제거

• 현재상태: (♂ + ♁), 목표상태: ♂

⑤ 현재상태에서는 수상쩍은 음식을 함부로 먹을 수 없다.

목표상태에서는 저 친구가 먹고 뻗으면 먹어서는 안 되고, 멀쩡하면 나도 먹을 수 있다. → 음식이라는 개별특성 제거

- 현재상태: 판단 불가, 목표상태: 판단 가능

→ 여기서 다시 한 번 개별적 특성을 제거하고, 공통특성만 남기면,

① 현재상태 2.9, 목표상태 3.0

(현재상태와 목표상태 사이에는 0,1의 차이가 있다.)

② 현재상태 0:1, 목표상태 1:1

(현재상태와 목표상태 사이에는 1:0의 차이가 있다.)

③ 현재상태 ♂, 목표상태 (♂+♀)

(현재상태와 목표상태 사이에는 +♀의 차이가 있다.)

④ 현재상태 (♂+♀), 목표상태 ♂

(현재상태와 목표상태 사이에는 -♀의 차이가 있다.)

⑤ 현재상태 판단 불가, 목표상태 판단 가능

(현재상태와 목표상태 사이에는 판단불가에서 판단가능의 차이가 있다.)

→ 아직도 ①~⑤는 개별적 특성을 지니고 있다. 이러한 개별적 특성을 지우고, 정량적인 표현을 정성적인 표현으로 바꾸면 5개의 예제 모두에서,

ⓐ 현재상태가 있다.

ⓑ 목표상태가 있다.

ⓒ 현재상태와 목표상태 사이에 차이(ⓑ-ⓐ)가 있다.

로 정리된다.

Step 3: **공통의 특성을 정성적인 언어로 표현한다.**
→ "문제"는 "목표상태와 현재상태 사이에 차이가 있는 것"
으로 정의된다.

그런데,

→ (인간은 항상 현재에 살고 있기에 현재를 우선으로 먼저 표현하면,)
"문제는 현재상태와 목표상태 사이에 차이가 있는 것!" 으로 된다.
이것을 그림으로 나타내면 :

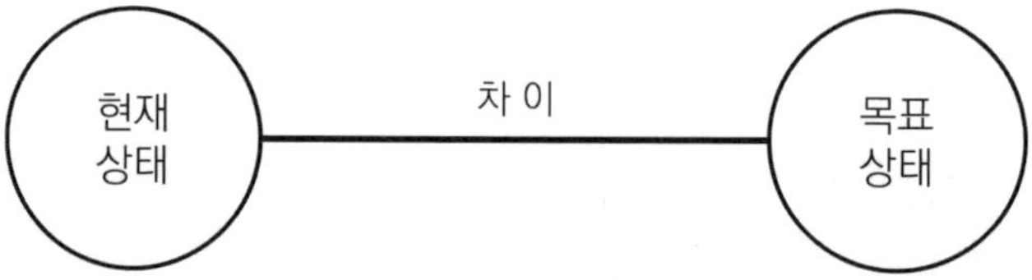

[그림 1] 문제: 현재상태와 목표상태 사이에 차이가 있는 것

[그림 1]은 문제라는 추상적인 개념을 그림으로 가시화시킨 표현이다. 그러므로 [그림 1]은 문제를 기하학적으로 다룰 수 있게 하는 출발점이 된다.

정리하면, 문제란 [그림 1]로 표현될 수 있는 "현재상태와 목표상태 사이에 차이가 있는 것"이다.

B

문제해결이란 무엇인가?

베테랑이 준 종이에서 동그라미 두 개로 그려진, 현재상태와 목표상태를 보는 순간 문제해결을 어떻게 할 것인지의 방향이 잡혔다.

병목이는 "베테랑의 생각이 바로 내 생각이로고!" 하다가 자신의 그 말투가 삼국지의 조조 말투인 걸 깨닫고 혼자 킥킥 웃었다.

그리고 좀 더 읽다가 고르디우스의 매듭을 자른 알렉산더 대왕이 나오자, 얼마 전의 이야기가 생각났다. 무슨 말끝에 나왔는지 알키비아데스 이야기가 나왔을 때 베테랑이 알키비아데스는 얼굴이 전해오지 않는다고 했다. 병목이가 google로 알키비아데스를 검색하니 젊고 매력적인 흉상이 나왔다.

그런데 베테랑이 그 사진을 보자마자,

"알렉산더 대왕이네."

했다. 그리고는 의아해하는 병목이에게

"머리칼과 얼굴에 신격화 영향이 보이고, 아폴로 신을 닮게 했는 데다가, 왼편으로 기운 목이 알렉산더 대왕의 특징을 그대로 나타내고 있으니 알키비아데스가 아니다!"

했다.

"그래서 google에 알릴까요?"

"그냥 두지 뭐. 그렇게 google에 알리면 뚱딴지 나타났다고 크게 웃을 거다."

("학교 다닐 때 공부는 안 하고, 알렉산더 대왕만 챙겼나?")

하고 병목이가 소리 안 나게 한 마디 덧붙이려다 말을 바꾸었다.

"흉상 아래는 뭐라고 씌여 있습니까?"

"알키비아데스! 그런데 다시 보니 두 얼굴바탕이 다르기는 하구나!"

B 문제해결이란 무엇인가?

문제를 현재상태와 목표상태 사이의 차이로 나타낸 [그림 1]에서 보면, 문제해결은 현재상태와 목표상태 사이의 차이가 없어지는 것이 된다. 이에 따라 문제해결의 3가지 방식이 [그림 2]와 같이 찾아진다.

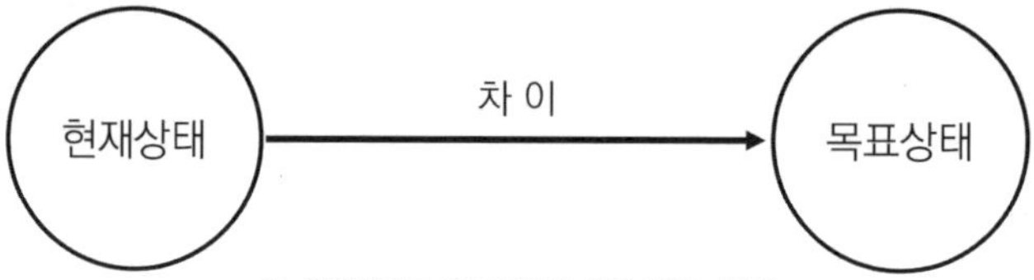

ⓐ. 현재상태를 목표상태에 접근시키는 방법

ⓑ. 목표상태를 현재상태에 접근시키는 방법

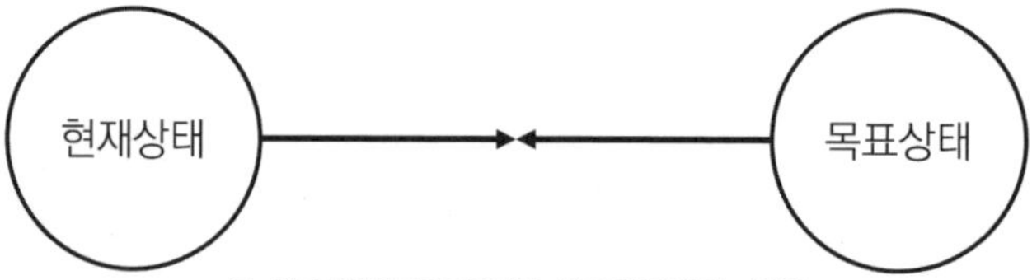

ⓒ. 현재상태와 목표상태를 서로 접근시키는 방법

[그림 2] 문제의 3가지 해결방식

ⓐ <현재상태를 목표상태에 접근시키는 방식>

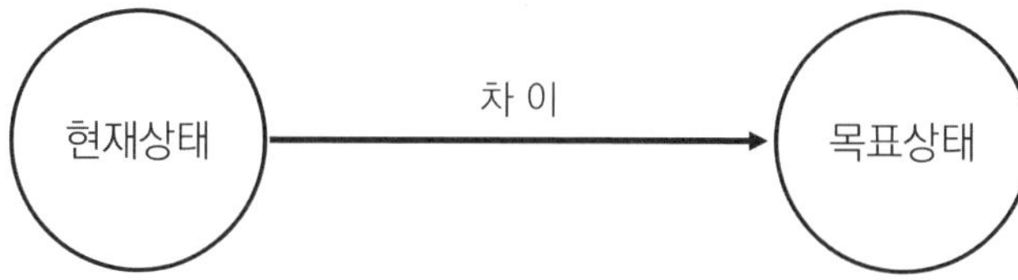

[그림 3] 현재상태를 목표상태에 접근시키는 방식

문제해결을 위해 [그림 3]처럼 현재상태를 목표상태에 접근시키는 방식은 물질기반의 인간 활동 전반에서 만날 수 있는 문제들의 해결방식에 해당한다. 그래서 공학문제, 군사문제, 정치문제, 스포츠문제, 경제문제, 외교문제, 애정문제, 금전문제 등등의 해결에 이 방식이 쓰인다.

그런데 이 방식의 적용을 위해서는 준수해야 할 4가지 전제조건이 있다.

1) 현재상태가 명확히 정의되어야 한다.

현재상태가 가지는 여러 조건과 상태가 명확히 서술되면, 현재상태를 목표상태에 접근시키기 위해서 무엇을 어떻게 변화시켜야 할지에 대한 검토가 가능해진다. 그러므로 문제해결을 위한 출발점으로서 현재상태의 명확한 서술이나 정의는 필요하다.

2) 목표상태가 명확히 정의되어 목표상태의 목적과 필수기능들이 분명해야 한다.

명시된 목표상태는 과녁과 같아서 현재상태가 도달해야 할 목표인 동시에 문제해결의 도착점이 된다.

3) 현재상태와 목표상태 사이의 차이가 확인될 수 있어야 한다.

현재상태와 목표상태 사이의 차이는 문제해결을 판단하는 평가지표이다. 그러므로 차이의 측정이 가능하고 계량화된 표현으로 그 차이를 나타낼 수 있어야 한다.

4) 현재상태를 목표상태에 접근시키는 방식이 한 가지 이상 있어야 한다.

현재상태를 목표상태에 접근시키려는 방식은
① 현재상태를 바꾸는 방식이 없는 경우
② 현재상태를 바꾸는 방식이 오직 한 가지뿐인 경우
③ 현재상태를 바꾸는 방식이 두 가지 이상 있는 경우
뿐이다.

여기서,

①의 현재상태를 목표상태에 접근시키는 방식이 없는 경우는 말 그대로 손 쓸 도리가 없어서 문제는 있지만, 그 문제의 해결은 불가능하다. 현재상태를 목표상태에 접근시킬 방식이 없는 경우는 방식을 찾을 수 없는 경우와 찾을 수는 있지만, 허용시간이나 허용공간이나 허용예산을 초과하기 때문에 배제되는 방식들로 나누어진다.

②의 현재상태를 목표상태에 접근시키는 방식이 오직 한 가지인 경

우는 울며 겨자 먹기로 유일한 한 가지 그 방식에 따를 수밖에 없다.

③의 현재상태를 목표상태에 접근시키는 방식이 두 가지 이상일 경우는 오컴의 면도날 원칙으로 기회비용이 더 적은 방식을 선택한다.

오컴의 면도날 원칙이란, 어떤 문제를 해결하거나 상황을 설명하는 여러 방법들이 있을 때 가장 좋은 것은 가장 간단한 방법이라는 것인데, 이것은 분명히 기회비용의 철학적 표현이다.

그런데 여기서 기회비용을 비교하거나 오컴의 면도날 원칙을 적용하려면 들어가는 비용(에너지, 시간, 돈 등등의 투입물) 계산이 가능해야 하는데, 어림잡아 추산할 수 있는 경우도 있지만, 도무지 전체비용을 추정할 수 없는 경우도 있다.

이때는 "인간 경험에 근거한 Heuristic method"에 의지할 수밖에 없다. 인간 경험에 토대를 둔 Heuristic method란 몇 가지 선택 가능한 방법 중에서 어느 하나를 선택할 때, (그 선택이 최선이라는 것을 보장해 주지는 않지만) 일반적인 경험에 비춰보면 좋더라는 것을 말한다.

ⓑ <목표상태를 현재상태에 접근시키는 방식>

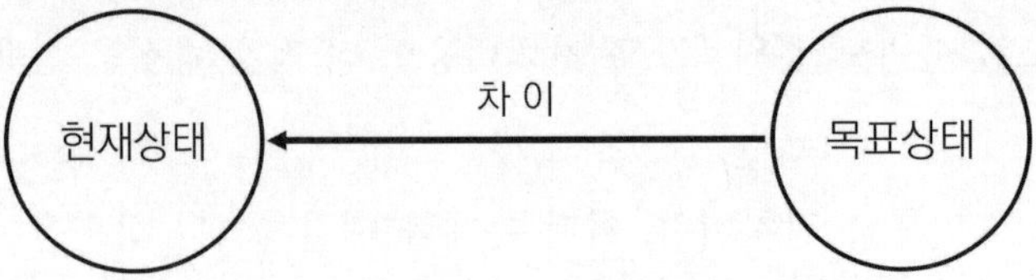

[그림 4] 목표상태를 현재상태에 접근시키는 방식

얼핏 보면, 이 방식의 문제해결은 비합리적이고 말장난 같아 보인다. 다시 봐도 비합리적이고 말장난 같다. 목표상태고 뭐고 간에 다 걷어치우고, 현재상태를 손에 땀이 고이도록 쥐고 있으라는 것 같기 때문이다. 그런데 문제해결 효과는 만만치가 않다. 아니다. 현실적인 실용주의자에게는 도저히 감당 못 할 복잡한 문제들이 이 방식으로 마술처럼 한순간에 풀린다. 마치 고르디우스의 매듭을 자르듯 얽히고설킨 문제를 한칼에 해결한다.

[그림 4]의 목표상태를 현재상태에 접근시키는 이 방식은 2000년이 넘도록 세계종교나 심리치료에서 유용하게 쓰이면서 그 효과를 입증하고 있다.

예를 들면, 동서양의 세계종교에서 강조하는 "현재의 자신에 만족하라!"는 말은 다른 게 아니라, 목표상태를 현재상태로 가져오라는 것이다.

"욕심을 버려라!"는 말도 목표상태를 현재상태로 끌고 와서 현재상태와의 차이를 없애라는 것이다.

정말이지 이 방식은 실제로 매우 유용하다. 2000년 이전부터 성공적으로 우리 인간에게 위로와 안식을 주어온 동서양의 세계종교가 인간 삶의 문제해결에 사용해 온 설교나 설법의 핵심이 바로 목표상태를 현재상태에 맞추는 것이기 때문이다.

종교에서 자주 강조하는 "욕심을 버리고 현재의 자신에 만족하라!"는

욕심을 (**목표상태를**)
버리고 (**끌고 와서**)
현재에 (**현재상태에**)
만족하라! (**맞추어 두 상태 사이의 차이를 없애라!**)

로 대응된다.

그렇지만 그냥 다짜고짜 "욕심을 버려라!"라고 명령하듯 말하지는 않는다.

〈표 1〉 목표상태를 현재상태로 끌어오는 문제해결열쇠

출전 \ 내용	설득
① 유대교경전 미드라시	이 또한 지나가리니!
② 금강경	若見諸相非相 卽見如來
③ 일리아드	6장 146-149행
④ 그리스 신화	Kronos 수수께끼
⑤ 주역	64卦 배열

잠시 〈표 1〉을 보자.

① 솔로몬 왕이 반지에 새기게 했던 "이 또한 지나가리니!",

② 금강경 사구게의 "모든 상이 상이 아닌 것을 본다면, 그 순간 如來를 볼 것이다.",

③ 일리아드에 나오는 "봄기운은 새로운 잎으로 숲을 덮는다.",

④ 그리스 신화에서 얻은 수수께끼 "자신이 창조한 모든 것을 삼키는 것은?",

⑤ 주역의 64괘 배열 "질서에서 무질서로 진행"

다섯 가지 모두가 시간이 모든 것을 삼키고, 모든 문제도 다 삼킨다는 것을 말한다.

2000년 이상 우리들의 마음속에서 목표상태를 현재상태에 맞출 수 있도록 설득한 이 다섯 가지 열쇠 모두가 오직 한 가지-시간에 의한 변화의 법칙-를 나타내고 있다. 그렇지만 이러한 마음을 흔드는 시적인 표현 대신 열역학 제2 법칙이라며 엔트로피 증가로 사물의 변화를 설명한다면 너무 삭막해져서 울고 싶어진다.

이 우주의 어떤 것도 벗어날 수 없는 열역학 제2 법칙의 요지는 "고정불변하는 것은 없고, 모든 것은 시간에 삼켜진다."이다. 그래서 현재상태도 그리고 목표상태도 시간에 삼켜지고, 문제마저도 삼켜지고 시간마저 시간에 삼켜질 것이다. 그러니 시시하고 하잘것없는 목표상태를 털어버리고 지금의 이 순간에 충실해지자! 바로 이것이 목표상태를 현재상태에 맞추는 설득의 비법이다. 그리고 설득은 훨씬 더 설득력 있게 한다. 현재상태나 목표상태와 같이 촌스러운 표현은 없다. 과거-현재-미래라는 우아한 표현으로 문제를 다룬다. —지나가 버린 과거나 아직 오지 않은 불확실한 미래보다도 지금 현재의 순간순간이 중요하다. 그러니 오직 현재에만, 이 순간에만, 전념하고 집중하자!—그렇게 미래상태를 현재로 끌고 와서 문제를 해결한다.

현재상태를 목표상태에 접근시키는 것은 얽힌 매듭을 손으로 푸는 것처럼 지루하고 번거로운 데, 목표상태를 현재상태에 일치시키는 방식은 칼로 매듭을 끊듯이 눈부신 상쾌함이 있다.

목표상태를 현재상태에 가져와서 일치시키는 방식은 기회비용이 계산되기 면구스러울 만큼 적고, 그래서 그만큼 효율이 높다는 장점이 있다.

$$\text{효율} = \left(\frac{\text{산출}}{\text{투입}}\right) = \left(\frac{\text{문제해결}}{\text{설교나 설법 또는 설득}}\right)$$

요컨대 문제해결에 투입되는 Input이 신부님이나 목사님, 그리고 스님이나 선생님들의 말씀이어서 드는 게 별로 없다는 점이다. (물론 수십 년간 공부하신 것을 생각하면 고정비가 만만찮지만 그래도 문제해결을 그냥 말씀으로 처리하시니 들어가는 비용이 없는 것 같다는 느낌은 흔들리지 않는다.) 그런데 막상 이 방식의 문제해결을 해보려면 말로만 해야 하는 설득이어서 말도 못하게 어렵다. 한비자의 설난 편에 있는, 설득이 잘되면 어쩌다가 본전이 찔끔 나오지만, 설득이 실패하면 본전이 아니라 앉은뱅이가 되면서 쪽박까지 깨어진다는 이야기가 절로 떠오른다.

ⓒ <현재상태와 목표상태를 서로 접근시키는 방식>

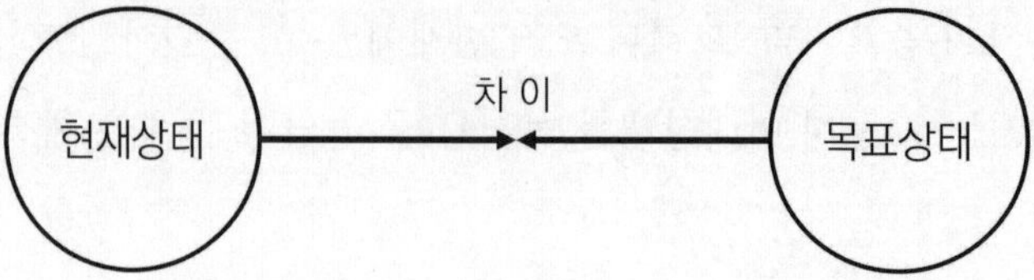

[그림 5] 현재상태와 목표상태를 서로 접근시키는 방식

현재상태와 목표상태 사이의 차이를 없애는 세 번째 방식인 "현재상태와 목표상태를 서로 접근시키는 방식"은 [그림 5]에서 볼 수 있듯 독립된 하나의 방식이라기보다는 방식 ⓐ와 방식 ⓑ의 조합이다. 그러므로 문제해결은 현재상태를 목표상태에 접근시키거나, 목표상태를 현재상태에 접근시키는 것만 생각한다.

C

현재상태를 목표상태에 접근시키는 문제

대화 4 현재상태를 목표상태에 접근시키는 문제

병목이가 베테랑에게 존경하는 사람이 누구냐고 물었다. 베테랑이 되물었다.

"산 사람? 죽은 사람? 합해서?"

저럴 때는 융통성이라고는 빈대 코끝만큼도 없다고 중얼거리고는

"세 가지 다요!"

하고 툴툴거린 흔적 없이 대답했다.

"산 사람은 홍윤수 박사님, 죽은 사람에서는 공자, 다 합쳐서는 우리 아버지!"

"왜 그렇습니까?"

"말하려는데 그 순간을 못 참고 몰아대는구나. 홍박사님은 투명한 논리로 문제해결 방법에 대해 검토해주셨다. 마치 연장을 만드는 헤파이스토스와 같다. 공자님은 모를 때는 고루한 영감이었는데, 남긴 말을 읽을 때면 진정한 천재라고 느낀다."

"공자가 남긴 말에서 무엇이 가장 대단합니까?"

"남녀칠세부동석!"

"우하하."

"우리 아버지는 내가 진정으로 존경하는 분이시다. 그러니."

"궁금해 하지 않겠습니다!"

"그나저나 오늘은 바람이 살랑거리는 초여름 날씨여서, 신선의 기분을 맛본다."

"신선도 문제가 있을까요?"

"문제를 가지는 잣대가 있다. 두 가지 중에서 한 가지라도 해당되면 문제가 생기는 거다.

첫째 조건 : 마시거나 먹는다.

둘째 조건 : 잠자리를 하거나, 하고 싶다."

"동양의 신선이나, 서양의 신들도 먹고 마신다. 그러니 문제가 있고 또 생긴다. 신선은 솔잎이나 이슬을 먹었다고 하고, 올림포스 산정의 신들은 암브로시아와 넥타르를 마신다고 했으니 개체보존본능을 가지고 있다는 말이고, 그래서 현재상태와는 차이가 나는 목표상태를 지닌다. 신선은 선녀에게 밑밥을 던지고, 불멸의 신들은 바쁘게 잠자리를 바꾸었으니, 두 번째 조건에도 해당된다. 종족보존본능이 있다는 의미다. 신선이나 신들이나 인간에게나 문제 발생은 마시거나 먹거나, 잠자리를 하거나 하고 싶다는 것에 해당된다면 피할 수 없다. 그래서 신선의 이야기가 책을 이루고, 그리스—로마 신들이 그렇게 바쁘다. 먹고 마시거나, 서로에게 이끌리면 끝없는 문제들이 줄을 이어 나타난다는 것이지."

그리고 바로 실세계에 살고 있는 인간이 부딪히는 문제원인이기도 하지.

현재상태를 목표상태에 접근시키는 문제

문제를 해결하는 3가지 방식 중에서 우리는 현재상태를 목표상태에 일치시켜야 하는 문제들, 현실에서 일상적으로 만나는 (물리적이고 생물학적인) 문제들만을 다루기로 한다.

심리적인 문제나 종교적인 문제들은 목표상태를 현재상태로 가져와서 현재상태와 목표상태 사이의 차이를 없애는 것이어서 쉬우면서도 어렵기 짝이 없고, 우리의 능력 밖이기 때문이다.

현재상태를 목표상태에 일치시키기 위해서는 문제를 구성하는 3가지 요소인 현재상태, 목표상태, 그리고 두 상태 사이의 차이를 정확히 파악해야 한다.

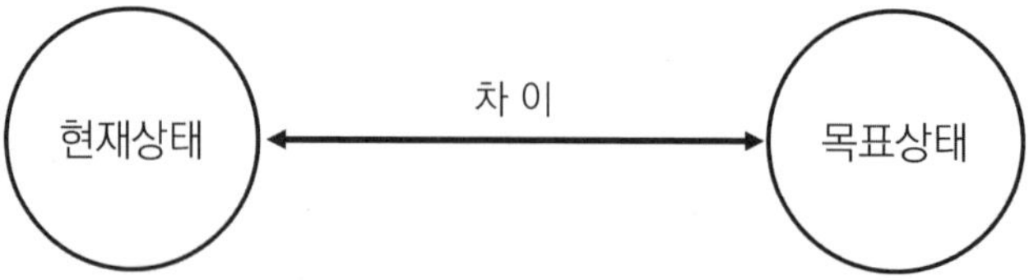

[그림 6] 문제를 구성하는 3가지 요소

[그림 6]은 문제를 구성하는 3가지 요소를 보여준다.

문제를 구성하는 첫 번째 요소인 현재상태는 인간 삶의 전체 영역을 기반으로 하고, 발생 요인도 천차만별이다. 그러나 이들 천차만별의 문제 발생 요인은 딱 두 가지로 귀결시킬 수 있다.

① 물리법칙과 인과율

② 개체보존본능과 종족보존본능

두 번째 요소인 목표상태는 목표상태가 지향하는 목적과 목적달성에 필요한 필수기능들, 그리고 목표상태가 지켜야 할 조건들이 명시적으로 포함되어 있어야 한다.

세 번째 요소인 차이는 목표상태의 설정에 좌우된다.

D

문제의 다섯 가지 분류

대화5 문제의 다섯 가지 분류

병목이가 베테랑을 만나면 항상 기분이 좋아진다. 그래서 비가 많이 오는 날이 아니면, 늘 베테랑 연구실에 들른다. 오늘은 마음먹은 질문이 있기에 다짜고짜 물었다.

"신선의 구분법이 있습니까?"

"뭐라고?"

"신선의 구분법이 있습니까?"

"생각해 본 적이 없는데?"

"그래도 말씀해 주십시오!"

"신선이란 근심, 걱정을 초월한 사람이겠지. 그리고 근심, 걱정은 내일을 생각하기 때문에 생기는 것이고. 그렇다면 첫 번째 기준이 얻어지네. 현금은 있어도, 예금은 없다!"

"좋습니다. 두 번째 조건은?"

"모르겠다. 그 한 개로 충분한 거 아니냐?"

"예금은 아예 없고, 동냥으로 한 푼 건진 거지들도 몽땅 신선인가요?

"잠시 기다려라. 현재에 충실해서 돈 생기면 쓰기 바쁘다는 뜻이었지, 동냥한다고 생각한 적 없는데 왜 갖다 붙이느냐?"

"…"

"신선이라면 남의 생각을 생각하는 법이 없다. 다른 말로는 눈치라고는 개코도 없는 게 두 번째 기준이다."

(표현 참 기가 막힌다. 어떤 동네서 자라셨을까?)

"세 번째 조건은 뭔가요?"

"더 이상은 없다."

"그래도."

"신선치고 보살같이 마음 따뜻한 것 들은 적 없지? 없다! 그런데 느닷없이 왜 신선의 구분이냐?"

"뭔가 신선이면 신선 나름의 구분이 분명 있을 것 같아서요."

"그렇지! 세상 모든 것이 나름대로의 특성을 가지는 게 확실하지. 문제도 들여다보면 몇몇 특성들로 나눠질 수가 있어야 되겠지. 그렇다면 특성의 틀을 찾아내는 것이 가장 중요한 것이구나!"

베테랑의 얼굴에서는 문제의 특성 분류로 생각을 오래한 흔적이 느껴졌다.

"이 물 좀 마실래?"

베테랑의 방에는 생수가 박스로 있다.

그리고 연구실로 오는 사람에게는 예외 없이 물을 먹인다.

D 문제의 다섯 가지 분류

이 세상의 문제들은 우리들의 일상에서 사용하는 통상적인 구분영역에 맞춰서 정치문제, 외교문제, 군사문제, 애정문제, 설계문제, 생산문제, 스포츠문제 등과 같이 분류되고 있다.

그런데 우리가 모든 문제를 발생 분야에 의해서가 아니라 몇 개의 특성에 의해서 구분하고 분류할 수 있다면, 어쩐지 느낌이 뭔가를 찾아낸 것 같을 것이다. 달리 말해서, 문제들을 훨씬 간단하고 단순명쾌하게 다룰 수 있을 것 같다.

일반적으로 어떤 대상이나 문제를 다루기 위해서는 그 대상이나 문제의 특성을 파악해야 한다. 특성파악을 위한 가장 간단한 방법이 패턴(Pattern)인식이나 분류다. 그런데 패턴인식과 분류는 서로 다른 것이 아니다. 대상의 특성을 구분하는 것은 패턴인식이고, 패턴인식을 토대로 내용을 나누어보는 것은 분류가 된다. 같은 작업의 선후관계일 뿐이다. 우리도 현재상태를 목표상태에 일치시켜서 문제를 해결하기 위해서 이들 문제를 의미 있는 기준에 맞춰서 분류해 볼 필요가 있다.

먼저, 문제를 분류하는 기준을 찾기 위해 기준들이 지녀야 할 요건들을 무작위로 적어보면 :

Ⓐ 문제 구조와 직접적인 관련이 있어야 한다.
Ⓑ 문제에 작용하는 것이 분명해야 한다.
Ⓒ 분류기준으로 쉬워야 한다.
Ⓓ 분류결과가 유용하게 사용될 수 있어야 한다.

이런 기준에 맞춰 떠오르는 것은
ⓐ 문제발생 요인 : 이에 따라 문제의 구조와 해결원리가 달라진다.
ⓑ 문제해결원리 : 문제 구조와 조건에 따라 해결원리가 결정된다 뿐이다.

그리고 ⓐ와 ⓑ는 동전의 양면처럼 서로가 전후로 연계된다.

문제를 발생시키는 요인에 따라 문제해결원리가 정해지기 때문이다. 그런데 문제를 생각할 때 가장 중요한 것은 문제의 해결이다. 얼핏 바람직하다고 느낄 수도 있는 "문제가 없는 생활이나 상태"를 생각해보자. 현재상태는 언제나 내게 와 있으니, 문제가 없다는 것은 목표상태가 없다는 의미다. 그런데 목표상태가 없다는 것은 어떤 발전이나 긍정적인 변화도 없다는 것이 된다. 그러므로 우리에게 문제는 늘 있어야 한다. 그리고 문제들은 해결되어야 한다. 따라서 이 책에서는 문제해결 방법에 따라 문제를 분류하기로 한다.

우선, [그림 7]을 살펴보자.

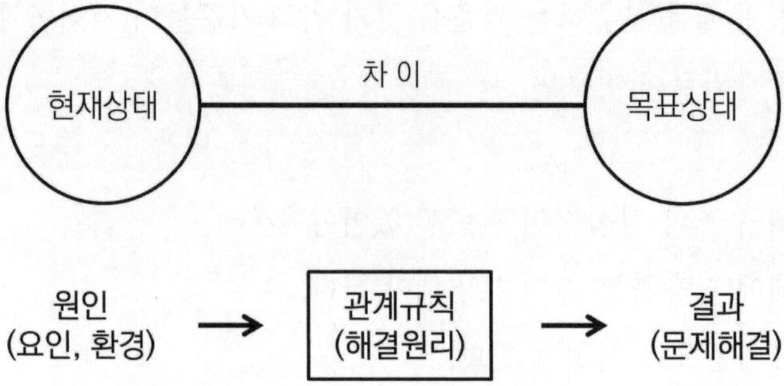

[그림 7] 문제분류기준 추출

[그림 7]은 문제의 정의인 [그림 1]을 위에 두고, 밑에는 원인이 관계규칙에 의해서 결과를 만든다는 인과율을 배치하고 있다. 문제를 나타내는 기하학적 표현을 아래위로 배치한 것이다. 현재상태와 목표상태 사이에 차이가 있으면 문제라는 것과 원인과 결과 사이에는 관계규칙이 있다는 것을 함께 나타낸다. 문제 중에서 현재상태를 목표상태에 일치시켜서 문제해결을 찾는 것들을 대상으로 한다. 이런 문제들은 인간의 물리적-생물학적 활동 전반에서 나타난다.

이제, [그림 7]에서 찾을 수 있는 것을 열거하면 :

① 현재상태가 목표상태에 도달하면 차이가 없어져서 문제가 해결된다.

② 현재상태가 목표상태에 접근하는 것은 차이가 줄어들어 문제해결에 도움이 된다.

③ 현재상태가 목표상태에 접근하는 것이 저지되거나 제한되면 차이가 없어지지 않아 문제해결이 방해받는다.

④ 현재상태가 목표상태에서 멀어지면 차이가 늘어나서 문제해결이

방해받는다.

⑤ 현재상태를 목표상태로 전환시키면 차이가 없어져 문제가 해결된다.

⑥ 목표상태는 원인이 관계규칙에 따라서 나타나는 결과에 의해서 결정된다.

①번은 당연한 이야기다. 현재상태와 목표상태 사이에 차이가 없어지기 때문이다.

②번도 ①번처럼 당연한 이야기다. 차이가 줄어들기 때문이다.

①+②에서 문제해결은 현재상태를 목표상태에 접근시키는 방법의 필요성을 일러준다. 이 경우 현재상태를 목표상태로 접근시키는 가장 자연스럽고 보편적인 방법이 시행착오다.

③번은 현재상태가 목표상태에 접근하는 것을 방해하거나 제한하는 요소의 처리가 문제해결의 열쇠가 된다. 현재상태가 목표상태에 접근하는 것을 방해하는 경우는 문제가 서로 충돌하는 내부요소나 기능을 가지는 경우로서 기능구조의 상위층에 사용해야 하는 자원에 대한 제한이 있기 때문이다.

④번은 현재상태가 목표상태에서 더 멀어지게 하는 요인을 처리하는 것이 문제해결의 열쇠가 된다. 현재상태가 목표상태에서 더 멀어지게 하는 경우는 문제 속에 유해한 요소가 있는 경우로서, 유해요소 제거가 문제해결의 열쇠가 된다.

⑤번은 현재상태를 목표상태로 전환시키면 문제가 해결되는 것으로 목표상태 디자인으로 문제해결이 가능하다.

⑥번은 원인-관계규칙-결과의 논리적 추론으로 현재상태에서 목

표상태를 찾아낸다.

정리하면:

①과 ②에서 시행착오 방법이 문제해결에 도움이 된다.

③에서 요구기능의 충돌해결이 문제해결에 도움이 된다.

④에서 두 상태를 서로 멀어지게 하는 유해요소의 제거가 문제해결에 도움이 된다.

⑤에서 목표상태 디자인이 문제해결에 도움이 된다.

⑥에서 인과관계에 의해서 원인이나 관계규칙 또는 결과를 구하는 논리적인 추론이 문제해결에 도움이 된다.

①+② : 시행착오에 대해서 살펴보자:

문제를 해결하기 위해서 현재상태가 목표상태에 도달하려면, 현재상태가 목표상태에 가까워지도록 움직여야 한다. 달리 표현하면 현재상태가 변해야 하고, 변화의 결과는 목표상태에 더 가까워져야 한다. 그런데 말은 쉽지만, 실제로 변화하고 또 변화의 결과가 목표상태에 가까워야 하는 것은 미리 알 수가 없으면 찾기가 쉽지 않다. 그래서 위대한 자연은 시행착오법을 사용한다. 무작위로 가능한 모든 방향으로의 변화를 시도하고, 그 결과 중에서 목표상태에 가장 근접하는 것을 새로운 현재상태로 만드는 것이다. 자연이 본 보이는 시행착오법은 잠자리 떼를 보면서도 느낀다. 잠자리 떼가 우아한 군무를 추면서 우리를 매혹 시키는 장소를 보면 연못이나 시내 또는 강이나 호수처럼 알을 낳고-애벌레가 자라고-껍질을 벗고 다시 날아오르기에 적합한 곳뿐만 아니라 땡볕이 주차된 차들을 달구는 주차장이나, 근처에 물 한 방울 없는 운동장 위에서 무리를 이뤄 돌고 있다. 이런 막막한 아름다움을 볼 때는 안타깝다. 그리고 이들에게 여기가 아니니 물풀 우거진 연못이나 호수를 빨리 찾으라고 알려주고 싶다. 그런데 다시 생각해 보면, 이런 것이 바로 자연의 방식이다. 잠자리를 예로 들면, 이들은 사전정보 없이 사방으로 흩어져서 다음 세대가 살아가면서 자신들의 유전정보를 이어갈 새로운 서식지를 찾는다.

얼핏 생각해 보면, 서식조건이 좋은 원래의 호수나 연못에서 편안하고 안전하게 머물면 될 텐데 곤충이어서 어리석다고 하겠지만 시간 앞에 안전한 서식지는 존재하지 않는다. 기후변동이나, 지진이나, 인간의 간섭 같은 외부의 작용은 천천히 또는 급격하게 서식지를 바꾸어서 안락하고 안전한 환경을 황량하고 위험한 환경으로 변화시킨다. 그러므로 낙원에 안주하면 멸종의 위험이 덮쳐오고, 극심한 소모와 위험을 무릅쓰고 탐색을 지속하면 멸종을 면하고 덤으로 가끔씩은 좋은 서식지에서 폭발적인 개체 수의 증가도 맛본다. 자연이 사용하는 이러한 탐색과 적응의 시도는 "시행착오"라는 이름으로 분류된다. 시행착오는 많은 시도가 있으면, 건지는 것도 있다는 의미이고 이때의 건지는 것은 현재상태의 변화 중에서 목표상태에 접근하는 것이 된다.

③ : 충돌문제라고 불리우는 것을 살펴보자.

이것은 현재상태가 목표상태에 접근하는 것이 억제되고, 제한된다는 의미다. 현재상태가 목표상태에 어느 한계값까지는 접근이 가능하지만, 그 이상의 접근이 안 되는 경우들이다. 이러한 작용은 문제가 갖는 기능구조의 한 단계 더 높은 수준에서의 물리적인 제한값 때문이다. 예를 들면, 배의 설계에서 배에 최대로 실을 수 있는 중량이 정해지면, 배의 길이와 폭과 깊이는 서로 충돌한다. 그러므로 충돌문제란 어느 한 가지 특성을 택하면 다른 유용한 특성은 포기하거나 감소시켜야 하는 경우를 말한다. 충돌문제의 해결은 절충으로 타협하거나, 두 특성을 모두 수용하는 충돌의 수용으로 문제형태를 바꾸어 처리한다. 이것은 상위 단계(Level)의 제한을 풀어주는 새로운 법령이거나 제약조건을 변형시켜서 얻은 신기술이거나 서로 충돌하는 기능을 함께 갖춘 신소재로 두 특성을 모두 수용해서 처리하는 것이 된다. 기능구조의 상위 단계에서 제한이 풀리면, 당연히 구성요소 간의 충돌도 없다.

이것을 [그림 8]과 [그림 9]로 설명하면 보다 더 이해가 쉽다. 가로가 X, 세로가 Y, 높이가 Z인 직육면체의 부피를 어떤 값 V로 지정하면 가로와 세로와 높이 사이에 충돌이 나타난다. 가로를 키우면 세로와 높이가 줄어들고, 세로나 높이를 키우려면 가로가 줄어들어야 한다. 부피라는 상위 단계의 지정 값이 가로와 세로와 높이(X-Y-Z) 사이에 예산충돌을 일으킨다.

이러한 충돌은 예산 편성에서도 얼굴만 바꾸어 그대로 나타난다. 국가의 총예산이 확정되면 각 부처는 예산확보가 싸움 수준이다. 최상위 단계의 제한이 총예산으로 정해지면, 각 부처의 요구는 서로 충돌한다. 각각의 부처에서는 다시금 배분된 부처 예산이 상위 단계의 제한이 되어서 국이나 실끼리의 충돌을 일으킨다.

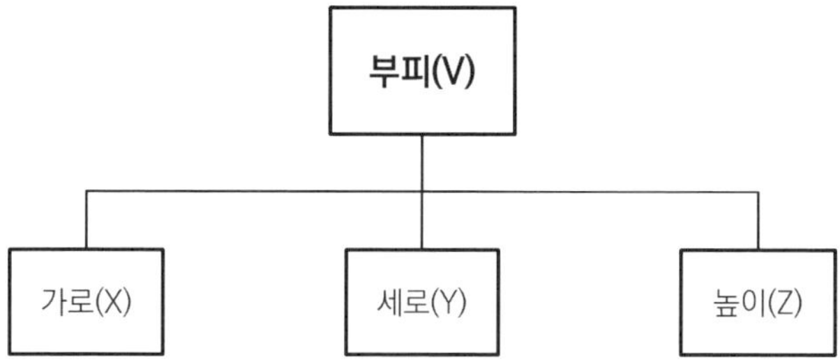

[그림 8] 부피의 기능구조 구성

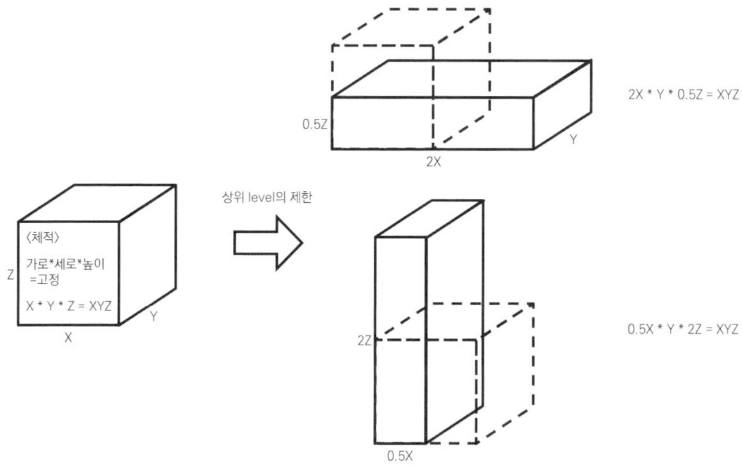

[그림 9] 자원의 제한에 의한 가로-세로-높이의 충돌

④ : 현재상태를 목표상태에서 더 멀어지게 만드는 유해요소에 대해 살펴보자.

유해요소란 주로 외부에서 내부로 침입하여 현재상태를 목표상태에서 더 멀어지게 하는 것들이다. 예를 들면 국경을 넘어서 침입한 적국의 군사력이거나, 항해 중인 배에 밀려드는 바닷물이거나 안정된 가정을 넘보는 카사노바들은 모두 현재상태를 악화시켜 목표상태에서 멀어지게 하는 유해요소가 된다. 그리고 우리나라 서해처럼 조수간만의 차이가 큰 자연현상도 선박설계자에게는 물리력을 행사하는 유해요소가 된다. 문제의 해결은 유해요소의 제거나, 유해작용의 해소가 된다. 이때 거리 역제곱의 법칙으로 유해작용원(有害作用源)을 멀리 보내어 문제를 해결하거나 유해작용을 설계에서 흡수하거나 완충시켜서 문제해결을 하거나 미끼사용원칙으로 보다 큰 작용력에 끌려가서 해로운 작용이 해소되도록 해서 해결한다.

이런 검토를 토대를 문제해결 방법을 문제분류의 기준으로 하면 :

❶ 논리적 추론 그룹

❷ 목표상태 디자인 그룹

❸ 유해요소 제거 그룹

❹ 충돌해결 그룹

❺ 시행착오 그룹

다섯 가지 문제 그룹들이 현재상태를 목표상태에 접근시켜서 문제를 해결하는 방식에서 나타난다.

이 다섯 가지를 이 세상 모든 현실문제들의 분류기준으로 삼아서 [그림 10]처럼 문제 분류를 할 수가 있다.

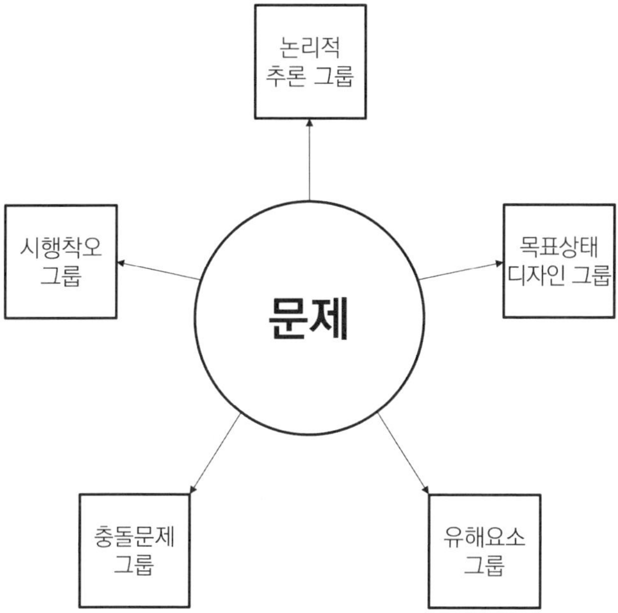

[그림 10] 문제의 분류

대화 6 문제의 다섯 가지 해결방식

베테랑은 병목이가 붙인 별명으로, 병목이와 베테랑만 통하는 명칭이다. 베테랑은 한 번씩 수수께끼를 내는데, 그럴싸하지만 만만찮은 것들이어서 베테랑의 수수께끼 고문을 당하고 나면, 팬티까지 벗어서 모든 밑천을 몽땅 보여준 느낌이 들곤 한다.

예를 들어서,

"배의 정의 속에 들어있는 제약조건은 무엇이냐?"

라는 건 더듬거리며 답을 할 수 있지만,

"중국의 3대 여걸이 누구누구냐?"

라거나,

"중국의 3대 미녀는 누구누구냐?"

"인간의 3대 발명품은?"

하는 식으로 3을 좋아하는 수수께끼는 베테랑의 짓궂은 면을 보여준다.

한번은 병목이가

"無名氏가 뭐지요?"

하고 역습을 가했다가 또 본전을 털리고 말았다.

"네가 읽은 책 중에서 이름을 감추는 無名氏 4명을 말해봐라!"

고 정색을 한 눈빛으로 병목이에게 되물었기 때문이다. 우물거리는 병목이에게 베테랑이 메모지 위에 쓴 것을 주면서

"찾아서 읽어볼래? 이름을 숨긴 공통점으로 연결될 거다."

했다. 종이에는 '오디세이-난쟁이 동화-중세전설-해저 이만리'라고도 쓰여 있었다.

병목이는 당연히 읽지 않았다.

그날은 '반드시 읽어야지!' 했지만, 다음 날은 '다음 날 읽어야지!' 했고, 그다음 날은 '생각하지 말자!'로 행복해지는 결정을 했기 때문이다.

대화7 논리적 추론 그룹

베테랑의 연구실 문이 열려있었다.

통상 베테랑은 안에 있어도 연구실 문을 닫는다. 베테랑이 연구실에 있는지 없는지는 켜진 불로 안다.

열린 문을 손으로 두드리면서 들어서자, 베테랑이 반기는 표정으로

"오늘은 날씨가 좋아서!"

했다. 이럴 때는 기가 막힌다고 속으로 중얼거리며 조심스레 의자에 앉다가

"어떻게 제 생각을 그렇게 아십니까?"

"내가 믿는 분이 바로 아폴로 신이라서!"

"또 저를 놀리시는데, 진짜로 궁금합니다."

"행동은 말보다 더 큰 소리를 낸다!는 말을 들은 적 있지? 너는 네 생각을 온몸으로 떠드는데 어떻게 들리지 않을까?"

"어떻게 제 생각을 아시는지 말씀 해주셔야."

"소리가 있어서 메아리가 있고, 형체가 있어서 그림자가 있다. 아니 땐 굴뚝에 연기 날까?"

"그건 누군가를 추궁하거나, 뭔가를 뒤집어씌울 때 쓰이는 말 아닙니까?"

"맞다!"

"제가 무슨 잘못이라도?"

"학생 한 명이 장학금을 날릴 형편이라면서 눈물을 떨구고 요지부동으로 돌부처가 되면서 버티더라."

"…!"

"처음에는 억지로 눈물을 짜더니, 어느 순간부터는 수도꼭지를 튼 줄 알았다니까!"

"그래서 어떻게?"

"병목이를 데려와라! 하면서 쫓아냈다."

"그런데 어떻게?"

"너 말고 또 누가 그 녀석에게 그런 말을 해줬겠냐? 베테랑은 마음이 약하니 눈물을 짜라고 했지?"

"꼭 그런 건 아니지만."

베테랑이 오늘 몫의 종이를 주면서 한마디 했다.

"네가 열린 문에 노크를 하는 녀석이냐?"

할 말이 없어진 병목이가 받은 종이를 보니 〈논리적 추론법〉이라고 제목이 있었다.

말문이 막히던 병목이는 순발력 있게 분위기를 바꾸며 물었다.

"논리적이란 무슨 말입니까?"

"원인과 결과가 연결된다는 말이다. 원인이 특정한 환경과 작용 아래 결과로서 나타난다는 것을 의미한다. 써준 것을 읽고 나서도 궁금하면 새로 이야기하자."

잠시 있던 병목이가 다시 물었다.

"그런데 왜 아폴로 신을 믿는다고 하셨습니까?"

대답 없이 뭔가를 쓰던 베테랑이 종이를 건네주며,

"인터넷에 검색해봐라!"

했다. 병목이는 눈으로 읽으면서, 휴대폰을 더듬어 내었다.

"나는 안다네,

바닷가 잔모래 알의 수도, 바다의 넓이도.

귀머거리의 생각도 읽고,

벙어리의 소리도 듣는다네."

우리는 일상에서 만나는 문제들을 5가지 그룹으로 나눌 수 있었다. 이렇게 나누어진 문제 그룹별로 조금 더 상세하게 각각의 문제 그룹들이 지니는 특성을 살펴본다.

D.1. 논리적 추론 그룹

논리적이란, 원인과 결과 사이의 연결이 명확한 것이다. 추론이란, 어떤 결론을 알고 있는 정보를 토대로 이끌어내는 과정이다. 다시 말해, 논리적 추론이란 뜻은 주어진 전제들로부터 어떤 결론을 명확하게 이끌어내는 과정이다.

[그림 11]과 [그림 12]에서 보듯 논리적 추론 그룹의 특성 조사는 입력과 출력 사이의 관계를 나타내는 규칙(rule)의 추출을 출발점으로 한다.

입력과 출력 사이의 공통규칙을 찾기 위해서는 [그림 11]에서처럼

① 개별적 입력에 대응하는 개별적 출력 사이의 관계를 찾아준다.

② n개의 개별적 입출력 사이의 관계 $R_1 \sim R_n$을 찾아준다.

③ $R_1 \sim R_n$의 개별규칙들의 목록에 대해서 개별특성은 제거하고 공통특성은 보존한다.

④ 개별적 규칙특성이 제거되고, 공통특성이 남으면 공통특성을 정성적으로 나타낸다.

⑤ 입력과 출력 사이의 공통규칙 R이 얻어진다.

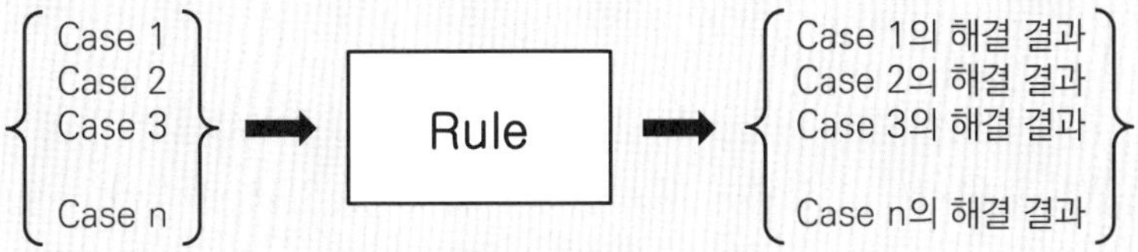

[그림 11] 입력과 출력 사이의 관계

먼저, 개별 사례인 case 1~case n에 대해서는 [그림 12]에서 보듯

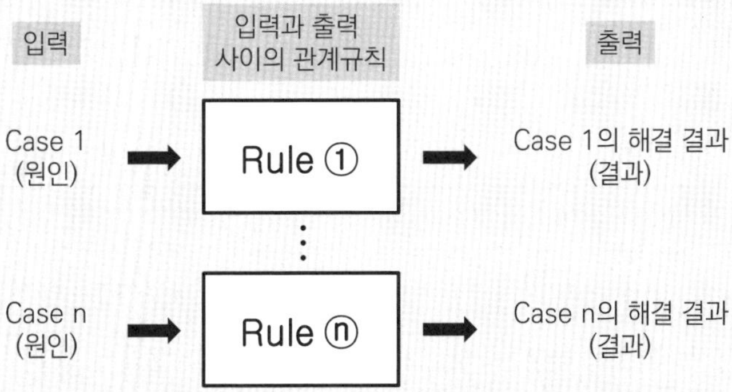

[그림 12] 개별 사례에 대한 개별적 관계 규칙 도출

입력과 출력 사이에 관계를 가지는 n개의 사례가 있고, 입력과 출력 사이의 n개의 관계를 갖고 있는 관계규칙 R_1~R_n을 차례로 찾는다.

여기서 공통규칙 R을 찾는 문제의 형태로 변형하면,

현재상태: 원인(입력 I)에서 결과(출력 O)로 연결되는 공통적 관계규칙(R)을 모른다.

목표상태: 원인(입력 I)에서 결과(출력 O)로 연결되는 공통적 관계규칙(R)을 찾아낸다.

공통규칙 R은 개별적 사례에서 얻어진 n개의 규칙 R_1~R_n의 공통특성이다.

논리적 추론에서 입력과 출력(원인과 결과)을 알면, 입력과 출력 사이에 작용하는 관계규칙을 귀납적 추론으로 찾을 수 있고, 일단 관계규칙을 알아내면 입력에 따르는 출력을 알 수 있고, 출력에 대응하는 입력도 찾아낼 수가 있다.

〈표 2〉 논리적 추론의 3가지 방식

아는 것(현재상태)	찾는 것(목표상태)	문제특성
입력(I), 출력(O)	관계(R)	귀납 추론 문제
입력(I), 관계(R)	출력(O)	연역 추론 문제
관계(R), 출력(O)	입력(I)	추정 문제

인간의 삶을 이루고 있는 원인-관계-결과(입력-규칙-출력)에 관한 것은 논리에서 늘 다룬다. 그래서 원인-관계-결과에 관한 문제들은 분류 명칭을 논리적 추론법으로 한다.

이에 따라 문제들에 대한 첫 번째 선별의 판단 질문은 “원인과 결과에 관한 것인가?”이며, 이 물음에 해당되는 문제들은 모두가 논리적 추론 문제로 분류된다.

대화 8 목표상태 디자인 그룹

장마가 끝나자마자 매미들이 나타나서 시원하게 울어댄다. 매미소리가 요란한데도 시원하게 들리는 것은 생물학적 적응이겠지 하면서 베테랑은 아버지 생각을 한다. 여름 방학의 가장 큰 즐거움은 아버지를 따라서 동생 성원이와 함께 뱀장어 낚시를 가는 것이었다. 뙤약볕을 받으면서 개울이나 시내의 돌 틈에 낚시를 넣어서 뱀장어를 낚아내시는 아버지는 올림포스 산정의 신들만큼 눈부셨다. 그런 아버지께 질문을 하면, 반드시 바로 설명을 해주셨다. 아지랑이가 뭔지를 물어본 며칠 뒤에 아버지는 베테랑을 차에 태워서 교외의 보리밭으로 갔다. 그리고는 들판을 가득 채운 뜨겁고 투명한 일렁임을 보여주셨다.

시간을 더듬어 오르면서 보리밭에 가 있던 베테랑을 다시 불러온 것은 병목이었다.

씩씩하게 연구실로 들어서는 병목이에게

"오늘은 그냥 이걸 쳐 넣기만 하면 된다."

며 베테랑이 종이를 내밀었다.

"달리 설명하실 것은 없습니까?"

"네가 읽어보고, 고유설계-적응설계-변형설계를 이해하고 나면, 그걸 다시 내게 설명해줄래?"

"변형은 막연하지만 추측이 되는데, 고유와 적응은 용어이해가 안 됩니다."

"그래서 내용에 네가 질문한 고유설계와 적응설계를 지루해할 만큼 적었다."

"더 하실 말씀이 있는 것 같습니다."

"있다! 눈치도 빠르지!"

"?"

"책을 새로 쓴다!"

"다음 학기 강의해야 할 「공학의 이해」라는 거다."

"8월 말까지 가능할까요? 가능하겠네!"

병목이는 부산에서 200km 떨어진 농촌에 본가가 있다.

갑자기 병목이는 집으로 가서, 감나무 그늘 속 평상에 누워, 하늘을 떠가는 구름을 타고 싶어진다.

D.2. 목표상태 디자인 그룹

문제란 현재상태와 목표상태 사이에 차이가 있는 것이고, 문제해결은 현재상태를 목표상태에 일치시켜서 두 상태 사이의 차이를 없애는 것(현재상태를 목표상태로 만드는 것!)이므로, 만약 우리가 현재상태를 목표상태로 곧바로 바꿀 수만 있다면, 두 상태 사이에 차이가 없어지면서 문제는 그대로 해결이 된다. 그런데 그렇게 하려면 목표상태에 관한 목적과 필수기능들의 정보가 확보되는 게 필수조건이 된다. 그렇다면 목표상태에 관한 목적과 필수기능들의 정보가 확보되는 문제들은 외형적인 형태에 상관없이 목표상태 디자인 그룹으로 같이 묶을 수 있을 것이다.

그러므로 두 번째로 선별되는 문제들에 대한 선별의 판단질문은 "목표상태에 관한 목적과 필수기능들의 정보가 확보되는가?"로 된다. 이 질문에 해당되면, 어떤 내용이거나 형태이거나 구조의 문제도 같은 그룹으로 묶을 수 있다. 그래서 이 그룹의 명칭은 문제해결방식의 특성에 맞춰서 "목표상태 디자인법"으로 한다.

목표상태 디자인에 해당되는 문제들은 목표상태의 설계를 위한 자료와 정보들을 확보할 수가 있는 것들이다. 그런데 여기서 목표상태에 대해서 필요한 자료와 정보들을 확보할 수 있더라도 목표상태를 이루는 대상에 따라서 문제의 해결방식이 달라진다. 그러므로 대상이 자연인지 인간인지를 먼저 구분할 필요가 있다.

목표상태를 구성할 대상이 자연이면, 물리법칙과 인과율, 그리고 허용되는 시공간과 예산이 목표상태 구현 가능성을 제한한다. 목표상태의 설계에서는 설계변수에 관한 제약조건과 허용시간, 그리고 허용비용이 지켜져야 한다.

여기서 설계변수란 [그림 13]에서 보듯, 원인으로 들어가서 결과에 영향을 주는 요소들 중에서 설계자가 관리할 수 있는 것들을 의미한다. 원인으로 들어가서 결과에 영향을 주지만 설계자가 관리할 수 없는 것은 잡음(noise)이 된다.

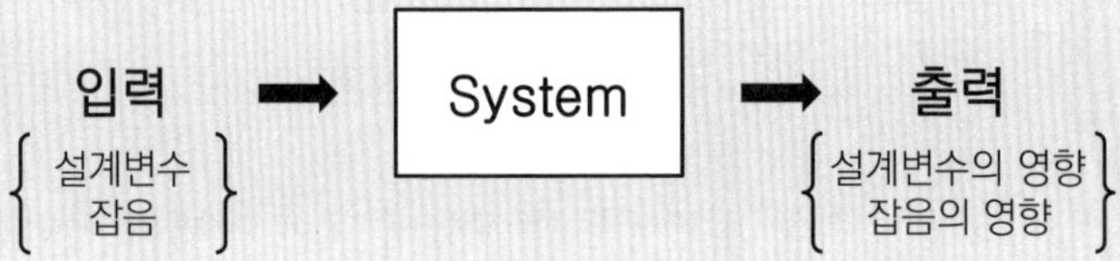

[그림 13] 설계변수와 잡음

문제해결에 부과된 여러 제한조건들이 충족되면, 대상이 자연인 경우 목표상태의 설계는 [그림 14]와 같이 5가지로 구분된다. 목표상태의 설계에서 전체기능과 제약이 결정되고, 전체기능을 발현시키는 새로운 기능구조가 제시되면서, 설계의 새로운 틀(New framework)이 될 수 있을 때는 고유설계가 된다. 고유설계를 토대로 삼아 변경된 제약조건에 수용시킨 설계는 적응설계가 되고, 적응설계를 토대로 하여 배치나 배열을 약간씩 바꾸면서 목표상태의 필수기능을 향상시키는 것은 변형설계가 된다.

대상이 자연이 아닌 인간이면, 대상의 관리가 가능한지의 여부에 따라 직접관리법과 게임(game)으로 나눠진다. 상대방의 관리가 가능할 경우에는 직접관리법으로 분류된다. 상대방의 관리가 가능하지 않아서 나의 의사결정뿐 아니라 상대방의 의사결정도 결과에 영향을 줄 경우는 [그림 14]에서 보듯 게임으로 전환된다.

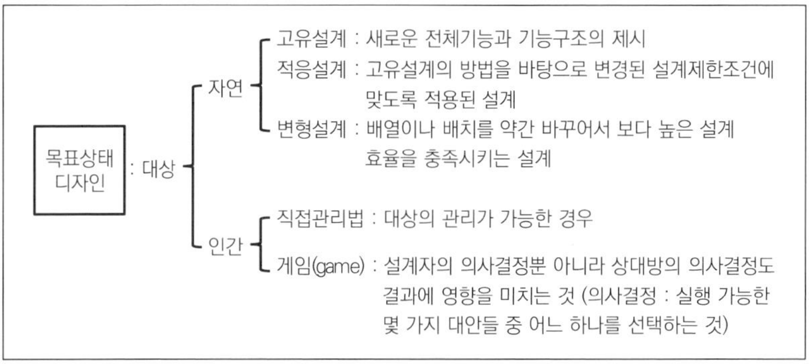

[그림 14] 목표상태 디자인 문제 분류

고유설계는 새로운 전체기능과 기능구조 조합을 제시하는 것으로, 목표상태 디자인에서 가장 중요하다. 필수기능은 목표상태가 반드시 지녀야 할 기능들을 말하는데, 이러한 기능이 발현될 수 있도록 만드는 기능들의 유기적 연결을 기능구조 조합이라 한다. 고유설계는 필수기능이 새롭기 때문에 기능구조 조합도 새로운 것이 된다. 고유설계가 어려운 것은 필수적인 주기능들 사이에 나타나는 충돌 때문이다. 고유설계 과정에서 나타나는 충돌은 많은 경우에 절충이나 기능 분화의 원칙(분리의 원칙)으로 해결되고, 제약을 철폐하는 새로운 법령이나 제약조건을 수용한 신기술과 서로 충돌하는 기능들을 동시에 가진 신소재의 사용으로 해결한다.

적응설계는 유사한 문제의 고유설계 사례가 있어서, 전체성능과 새로운 기능구조를 준용할 수 있고, 기존의 고유설계에 부과된 설계 요구조건의 변경에 맞춘 설계를 지칭한다. 적응(Adjust)이라는 말이 나오면, 설계조건의 변경과 이에 대한 맞춤을 의미한다.

변형설계는 적응설계 기반에서 배치나 배열을 바꾸어서, 발생하는 기하학적 효과를 다르게 조정하는 설계이다.

고유설계-적응설계-변형설계의 좋은 예로 비행기를 들 수 있다.

비행기의 정의는 "공기 중에 뜰 수 있는 양력(부양성)과 움직일 수 있는 추력(이동성)을 가진 구조물"이 된다.

이 정의 속에는 필수적인 전체기능으로 양력과 추력이 있다. 그리고 이들 양력과 추력은 두 개의 기능구조를 통해 발현되고 있다. 양력은 비행기의 날개에서 얻어지도록 하고, 추력은 비행기의 엔진에서 얻은 동력으로 프로펠러를 통해 나타나도록 기능구조를 분리해서 구성했다. 이러한 양력과 추력의 기능 분화에 의한 비행체의 설계는 전체기능과 기능구조가 인류 역사에서 새로운 것으로서 고유설계가 된다.

인간이 비행기로 하늘을 날 수 있게 되자 더 빠르게 이동하고 싶어졌다. 그래서 설계조건을 프로펠러 비행체의 한계속도를 넘어서는 것으로 바꾸었다. 이러한 변경된 설계요구 조건에 맞추기 위해서 추력 발생 기능구조를 jet 엔진체제로 바꾸었다. 이것은 설계조건을 수정한 적응설계다.

비행기를 살펴보면 날개가 동체의 아래쪽에 붙은 것과 동체의 가운데에 붙은 것과 동체 위쪽에 붙은 것이 있다. 여객기는 날개가 동체의 아랫부분에 붙어 있다. 여객기가 운항 중에 위험한 경우 -예를 들면, 바다나 호수 또는 강에 불시착했을 때- 동체 아래쪽 날개가 부력을 유지해서 승객의 탈출시간을 연장시킬 수 있게 하기 때문이다.

전투기는 비행성능이 최우선이다. 그래서 날개는 동체의 가운데에 붙어있다. 수송기는 짐을 싣고 내리는데 편리하도록 날개가 동체 윗부분에 붙어있다. 이러한 날개 배치는 기하학적 효율성을 추구하는 변형설계의 대표적인 예다.

목표상태 디자인에서 대상이 자연이 아닐 경우, 그러니까 인간일 때는 상대방이나 상황의 관리가 가능한지에 따라서 다시 나눠진다. 상대방이나 상황의 관리가 가능하면 직접관리법으로 상황을 주도하여 목표상태의 설계를 하고, 상대방이나 상황의 관리가 가능하지 않으면 게임이 된다.

상대방이나 상황의 관리가 가능한 직접관리법에 해당하는 것은 장교의 통제 아래에 있는 병사들의 예로 설명할 수 있다. 병사들은 장교에 의해 직접 관리되어서, 지휘관이 구상하는 목표상태를 구현하는 작전에 투입된다.

직접관리의 다른 예로서는 회사의 조직에서도 찾아볼 수 있다. 최고 경영자가 생산 제품에 대한 전략적 결정을 하면 (어떤 제품을 생산할 것인지와 원료 공급에 관한 의사결정을 하면) 목표제품의 효율적 생산을 위한 제품설계와 엔지니어링(Engineering : 생산설비+소재+정보+에너지+인력의 조합)이 계획된다. 이 계획은 제품생산을 위한 목표상태가 되고, 투입되는 인력은 (각자의 임무를 효율적으로 수행해야 하는) 직접관리의 대상이 된다.

상대방이나 상황의 관리가 가능하면, 그대로 명령이나, 주문이나, 압력이나, 암시로 현재상태를 목표상태에 이끌어 맞출 수가 있다. 이와 달리 대상의 관리가 가능하지 않으면 해결해야 할 문제가 게임으로 전환된다. 대상의 관리가 가능하지 않다는 것은 (나 또는 우리로 표현되는) 설계자의 의사결정만 결과에 영향을 미치는 것이 아니라 상대방의 의사결정도 결과에 영향을 미친다는 의미이다.

게임에 대한 전략은 아주 다양하다. 대표적으로는 생물학에서 나온 "Tit for tat"인 "따라 하기"가 있고, 이것을 수정한 것도 여러 가지가 있다. 그런데 게임은 상황을 누가 주도하느냐가 중요하고, 어떤 순서로 상황을 주도하느냐도 중요하다.

상황주도는 대등한 세력 균형에서 선제행동이 불러오는 란체스터(Lanchester) 법칙의 효과를 동반한다. 란체스터 법칙은 전력은 물리력의 제곱에 비례한다는 것인데, 물리적인 선제행동이 상황을 관망하는 다수에게 균형이 달라졌다는 영향을 미치고, 이것이 균형추를 기울게 하는 새로운 상황으로 연결되는 경우를 떠올려보면 납득된다.

단순화한 란체스터 법칙의 예를 들면,
무장수준과 톤수가 비슷한
Ⓐ나라의 구축함 10척과
Ⓑ나라의 구축함 6척

사이에 해전이 시작되었다면, 란체스터 법칙은 해전결과를 계량화하여 예상할 수 있게 해준다.

10척 전력이 6척 전력을 압도할 것은 모두가 예상한다. Ⓑ의 6척이 모두 격침될 때, Ⓐ의 구축함은 단 2척만이 침몰하고, 8척은 멀쩡하다.

→ Ⓐ의 전투력: (구축함 10척)^2 = 100
Ⓑ의 전투력: (구축함 6척)^2 = 36
교전: Ⓐ의 전투력 - Ⓑ의 전투력 = 64
정리: 교전이 끝나면,
Ⓑ의 전투력 = 0 → Ⓑ의 구축함 6척 침몰
Ⓐ의 전투력 = 64 → Ⓐ의 구축함
$\sqrt{64}$ = 8척 건재 → (10−8) = 2척만 침몰

↷대등한 무장수준에서는 선제(기습)공격이 (군사적 관점에서) 얼마나 중요한지를 보여준다.

그래서 게임에는 "미끼사용원칙"을 적용하는 것이 아주 유용하다. 이 원칙은 중국의 전국시대 계책을 모은 "전국책"을 귀납 추론하면 얻어지고, 4단계로 이뤄진다.

먼저, "미끼"를 정의하면, "미끼(bait)란 "문제 상황에서 상대방의 입장을 약화시켜 설계자의 의도가 관철될 수 있도록 만들어주기 위해 투입되는 모든 것"이다.

미끼의 효과는

ⓐ 무생물인 경우에는 물리법칙에 따르는 물리적 힘에 비례하고,

ⓑ 생물인 경우에는 개체보존본능과 종족보존본능에 합치되는 정도에 비례한다.

미끼사용원칙의 적용은 낚시에서처럼 미끼를 활발하게 물 수 있도록 밑밥을 깔아 주는 것으로 시작한다.

① 밑밥깔기 : 문제에 대한 관심을 불러일으키고, 설계자가 의도하는 방향으로 주의를 환기해 상황전개의 주도권을 장악하는 단계이다. (무엇이 밑밥으로 적절한지를 결정하기 위해 잠재적 밑밥 목록을 작성하고, 각각의 밑밥이 갖는 효과를 적시한다.) 밑밥깔기는 미끼에 대한 관심을 일깨우고, 미끼는 지금 당장 삼켜야 하는 코앞의 먹이라는 것을 알려주는 작업이다. 상대방이 일단 밑밥에 주목하고 나면, 밑밥에 대한 심리적 관성이 작용한다.

심리적 관성(Mental inertia)은 물리적 관성처럼 심리적으로 작용하는 관성효과다.

② 압박 : 상대방에게 미끼 포획의 기회에 대한 불확실하고 불안정한 상대방 자신의 상황을 주지시키는 단계이다. 예를 들면, TV홈쇼핑에서 "Now or Never!"라는 느낌을 주입하고 "이제 이 제품은 마지막으로 몇 개만 남았습니다."라고 밀어대는 것에 해당된다.

"압박"은 상대방으로 하여금 객관적 상황을 직시하지 못하도록 만드는 심리적 공세이다.

③ 강요 : 강요는 압박의 후속 조치로서, 압박을 통해 상대방이 인지하게 된 자신의 불안정한 상황이나 상태를 보호하거나 보강하는 결정을 하게 만드는 것이다. 상대방이 자신의 발밑에 깔린 잠재적 위험을 감지했거나 예견했더라도 어쩔 수 없이 자신의 입장을 약화시킬 수밖에 없는 대안으로 밀려가게 하는 작업이다. 상대방 스스로가 덫에 들어서게 만드는 것으로서, 물고기가 와서 스스로 그물에 부딪힌다는 魚來撞網(어래당망)이라는 표현에 적합한 작업이다.

④ 챔질 : 챔질은 설계자가 의도한 목표상태에 상대방이 들어섰을 때, 이 상황이나 상태를 고정시키는 것을 의미하며 강요의 결과를 성공적으로 확정하는 작업이다.

상황 주도의 원칙은 정성적인 표현으로 되어 있기에 관점에 따라서는 모호할 수 있다. 그것은 이 세상의 문제들－게임의 문제들－이 온갖 분야에서 나타날 수 있기에, 이들 다양한 영역의 다양한 상황에 대해 적용의 유연성을 유지시키기 위해서이다.

그런데, 미끼사용원칙에 대한 설명에서 여전히 중요한 뭔가가 없는 느낌이 있다. 그것은 미끼선정의 가이드라인이 빠졌기 때문이다. 미끼는 인간의 개체보존본능과 종족보존본능을 자극하는 강도로 사용가치가 평가 된다.

미끼선정의 순서는 :

Step ① : 잠재적 미끼 목록을 작성한다.

Step ② : 대상으로부터 인간의 개체보존본능과 종복보존본능에 합치되는 Rule in 정보, 또는 인간의 2대 본능에 배치되는 Rule out 정보를 추출한다.

Step ③ : Rule in과 Rule out의 대조(①과 ②의 대조)로 미끼 후보를 압축한다.

Step ④ : 압축된 후보로 찔러보기를 한다.

Step ⑤ : 미끼를 확정한다.

목표상태 디자인을 정리해보면:

현재상태를 단번에 목표상태로 만들어서 문제를 해결하는 이 방법은 목표상태로 설계해야 할 대상이 자연인지 인간인지를 구분한다.

대상이 자연이면, Ⓐ물리법칙 준수, Ⓑ연속성 유지, Ⓒ인과율 준수와 같은 필수적 규칙을 지키면서 (요구기능목록의 귀납 추론을 통해) 목표상태의 전체특성과 기능, 그리고 제약을 확정한다. 여기에 따르는 목표상태 설계는 ❶고유설계, ❷적응설계, ❸변형설계로 나뉜다.

대상이 인간이면, 설계자가 대상을 관리할 수 있는지 여부를 따진다.

대상의 관리가 가능하면, 직접관리법으로 분류된다. 그래서 설계자의 의도가 직접적인 명령이나 간접적인 암시, 또는 간섭에 의해서 대상에게 전달되고, 목표상태가 구현된다.

대상의 관리가 가능하지 않으면, 문제는 게임(game)으로 변한다. 게임일 때는 주로 "미끼사용원칙"이 적용되면서 현재상태를 목표상태로 이끌어 문제를 해결한다.

대화 9 유해요소 그룹

병목이가 오늘은 베테랑에게 듣고 싶은 게 있다. 어제 받은 〈유해요소 무해화〉 내용이 그럴 듯하면서도 당연한데, 그럴듯한 그 이유가 확실하게 와 닿지 않기 때문이다. 베테랑에게 그 말을 어렵게 전하자 베테랑은 느닷없이 엉뚱한 이야기를 했다.

"어느 마을에 대여섯 살 되어 보이는 애가 감나무 밑에서 주은 것이라며 크고 잘 익은 감은 할아버지께 드리고, 작고 맛없어 보이는 것은 아버지께 드렸다. 어린애의 철든 행동에 입이 바지게처럼 벌어진 할아버지는 물론이고, 아버지도 매우 기뻤다. 그러면서 그 기쁨을 다시 확인하고 싶어서 아이에게 어떻게 그런 기특한 생각을 했는지를 물었다. 병목아, 애는 뭐라고 했을까?"

갑자기 묻는 말에 병목이는 다시 어항 속의 금붕어가 되어 입은 오물거리는데 말은 나오지 않았다. 병목이의 대답을 길게 기다리지도 않고 베테랑이 말을 계속했다.

"애는 아버지의 팔소매를 끌고 할아버지가 안 보이는 구석으로 가더니 소리죽여 말했다. 할아버지 드린 것은 개똥 위에 떨어진 거예요."

웃음이 터진 병목이에게 베테랑이 물었다.

"이 이야기의 요지가 무엇이냐?"

"…"

"거리의 제곱에 반비례해서 영향력이 줄어든다는 역제곱의 법칙이 공간적 거리와 시간적 거리뿐 아니라 유전적 거리에도 작용한다는 것이다. 애는 아버지와는 $\frac{1}{2}$ 의 유전자를 공유하고 있고, 할아버지와는 $\frac{1}{4}$ 의 유전자를 공유하고 있다. 애가 느끼는 가까움은 공유하는 유전자의 몫인 $\frac{1}{2}$ 과 $\frac{1}{4}$ 의 차이만큼이라고 설명되지만, 내 생각에는 $(\frac{1}{2})^2$ 과 $(\frac{1}{4})^2$ 의 차이만큼, 그러니까 아버지가 애 자신에 비교해서 $\frac{1}{4}$ 만큼 소중하다면, 할아버지는 애 자신의 $\frac{1}{16}$ 정도만 소중하다는 것이다. 이 이야기의 요지를 반복하면, 공간적 거리나 시간적 거리나 심지어는 유전적 거리나 간에 거리가 멀어지면 같은 작용이 미치는 효과는 제곱에 비례해서 감소한다는 것이다. 그러므로 유해요소가 있더라도 멀리 밀어내면, 밀어낸 거리의 제곱에 비례해서 유해작용이 약해지고 유해요소 문제가 해결될 수 있다는 것이다. 유해요소를 멀리 보낼 수 있는 작용력을 찾아서 유해요소가 밀려갈 통로를 만들어주는 것이 문제해결의 핵심이라는 것이다."

이렇게 말을 하면서 병목이의 눈을 들여다보던 베테랑이

"뭔가 개운찮은 낯빛을 보니 질문이 있는데 말로 정리가 안 되는구나! 너는 거꾸로 더듬는 걸 즐기니깐 -서로 같은 유전적 거리인데 아버지나 할아버지가 애를 자기 자신보다 더 소중히 하고 아끼는 것은 어떻게 설명할 수 있는가?- 아니냐?"

"바로 그게 제 질문입니다."

"애는 자라서 성적 활동을 통해 다음 세대로 유전자를 넘겨줄 수 있지만, 할아버지는 다음 세대로 유전자를 넘겨주지 못한다. 오직 손자들을 통해서만 자기 유전자의 전달이 가능하다. 그러니 소중히 보호하고, 좋은 배우자를 만날 수 있도록 경쟁력 강화를 위한 영양과 교육을 지원하고 싶어한다. 아버지도 마찬가지다."

병목이의 눈빛이 다시 밝아졌고, 관심은 다시 강아지를 데리고 골목길을 걷고 있는 내일 새벽의 자신에게로 옮겨져 있었다.

D.3. 유해요소 그룹

문제분류에서 현재상태를 목표상태에서 멀어지게 만드는 요소 - 해로운 유해요소-가 들어있는지로 판단 질문을 삼을 수 있다. 어떤 상황에서 유용한 요소는 현재상태를 목표상태로 접근시키는 것이며, 유해한 요소는 현재상태를 목표상태에서 멀어지게 만드는 것인데, 유용한 요소는 밀어두고 유해요소가 포함된 문제들만으로 별도의 문제그룹을 구성할 수 있다.

현재상태와 목표상태 사이에 차이를 확대하는 해로운 유해요소는 자연물과 인간으로 나뉜다. 유해요소가 자연물이면 물리법칙을 정확히 지켜서 반응한다. 유해요소가 인간이면 개체보존본능과 종족보존본능에 합치되는 정도가 더 높거나, 개체보존본능과 종족보존본능에 위협이 되는 정도가 더 큰 작용에 우선적으로 반응한다.

그런데 문제들에 대해 "해로운 요인이 작용하는가?"의 판단 질문은 유해요소와 유해작용을 구분해줄 필요가 있다.

그렇지만 문제 속에 숨어있는 유해요소를 미리 아는 것은 쉽지 않다.

첫째로, 당면 상황 또는 당면한 문제에 대해 정확하게 알지 못하는 국외자 또는 외부자나, 비전문가에게는 문제 속에 유해요소가 숨겨져 있는지를 판단하는 것이 아주 어렵다.

다음으로, 뭔가 좋지 못한 작용이 감지되거나, 찜찜한 느낌이 가시지 않더라도 무엇이 그런 작용이나 느낌의 근원인지를 찾지 못하는 경우도 있다.

유해요소는 제거하거나 이동시킬 수 있는 경우도 있지만 전혀 손댈 수 없는 경우도 있다.

예를 들면, 우리나라 서해는 조수간만의 차가 9.7m에 이른다. 이러한 큰 조수간만의 차이가 만드는 영향은 서해안의 해역을 향해하는 배의 설계에 유해요소가 된다. 그러나 이 유해요소를 인위적으로 제거할 수는 없다. 그 대신 유해요소의 유해작용인 조수간만의 차이는 배의 설계에서 바닥을 평평하게 하고 폭과 길이의 비율을 조정해서 그 영향을 흡수하거나 완충시킬 수가 있다. 우리나라 서해안의 조수간만의 차이에 대한 예에서 볼 수 있듯이 유해요소 무해화는 유해요소 제거와 유해작용 해소의 두 가지로 나눠진다.

유해요소의 처리가 가능하다면, 처리결과는 긍정적인 유용한 결과와 연결되거나, 중립적인 무용무해한 결과와 연결되거나, 부정적인 유해한 결과와 연결된다.

이를 정리하면 〈표 3〉과 같다. 가장 먼저 해로운 요인이 존재하는지를 묻고, 다음으로 유해요소의 무해화 가능성을 판단한다. 유해요소의 제거나 밀어내기로 문제를 해결하거나, 유해작용의 무해화로 문제를 해결한다.

〈표 3〉 유해요소의 무해화 분류

처리과정	처리 방법
유해요소의 제거	유해요소의 물리적 제거
유해요소 이동	자연물 : 물리적 작용력이 큰 쪽으로 끌려가게 한다. 인간 : 개체보존본능과 종족보존본능이 보다 강하게 작용하는 쪽으로 따르게 한다.
유해작용의 무해화	물리적 작용력 약화 (거리 역제곱 원리) 또는 기하학적 대응으로 유해작용의 완충과 흡수

유해요소 무해화의 첫 번째는 유해요소의 물리적 제거다. 그런데 이 방법은 물리적 해결이어서 비용이 많이 든다. 예를 들어, 아군의 출격로에 적군의 주력부대가 있어서 아군의 진로를 차단하는 유해작용을 하면, 유해요소의 물리적 제거가 아군의 피해와 직접적인 상관이 있게 된다. 그래서 많은 경우, 직접 제거보다는 유해요소 밀어내기가 더 선호된다.

자연이나 인간이나 선호하는 것이 있다. 자연은 더욱 큰 물리적인 작용력에 속해서 보다 안정되려 하고, 인간은 개체보존본능과 종족보존본능에 더 유리한 것을 선택하려 한다. 예를 들면, 지구상의 모든 물체는 지구중력이 보다 약한 높은 곳에서 지구중력이 보다 강한 낮은 곳으로 움직이려 하며, 모든 생명체는 보다 양질의 먹이와 짝을 좇아 경쟁한다. 이것은 자연에서는 자연법칙이고, 인간에 있어서는 본능에 의한 생물학적 법칙이어서 어떤 경우에도 어긋남이 없다. 그리고 자연은 물리법칙을 따르고 인간은 본능을 따르는 이 특성은 대상이 자연이면 어떤 반응을 보일지와 어떤 이동 경로를 택할 것인지를 우리가 알 수 있게 하며, 대상이 인간이면 다음 단계로 무엇을 선택할 것인지를 예상할 수 있게 한다.

유해작용 무해화의 개념은 [그림 15]에서처럼 작용구조(기능구조)의 개편에 기반한 (유해요소를 배제 시킨) 기능구조의 재설계가 된다.

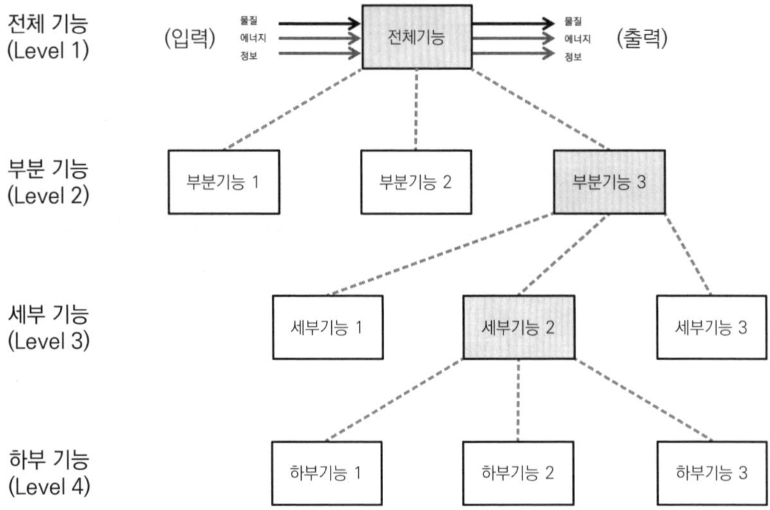

[그림 15] 기능구조의 기능분해관계

기능구조란, 목표상태에서 요구하는 필수기능들을 발현시킬 수 있는 성능들의 유기적 결합이다. 기능구조의 구성에서 전체기능은 부분기능들의 유기적인 조합으로 이뤄지고, 부분기능은 세부기능들의 결합으로 나타난다.

유해요소가 전체기능을 약화시키거나 멈추게 하는 해로운 작용을 하면, 기능구조의 재편성을 통해서 유해요소의 유해작용을 해소시킬 수 있다. 그럴 경우, 세부기능들과 부분기능들은 유해요소 제거나 유해작용의 무해화를 위해서 변경되고 재조합된다.

유해요소 무해화의 처리결과는

ⓐ 유용한 작용을 나타내는 결과

ⓑ 유용하지도 유해하지도 않은 중립적인 작용을 나타내는 결과

ⓒ 유해한 작용을 나타내는 결과

와 연결된다.

이때, 유용한 작용을 나타내는 결과나 중립적인 작용을 나타내는 결과로 연결될 때는 유해요소의 무해화가 성공적으로 달성된 것이다. 따라서 문제는 해결된다. 그러나 유해한 작용을 하는 ⓒ의 결과가 나타나면, 이것은 새로운 "유해요소 무해화 문제"를 얻은 것이 되어서 무해화 처리를 새롭게 시행한다. 이런 유해화 작용이 반복되는 경우는 문제해결까지 허용되는 작용시간이 문제를 어느 시점에서 중단시킨다. 말하자면 시간이 문제 자체를 삼키는 것이다.

대화10 충돌문제 그룹

베테랑은 학생들이나 찾아오는 손님들에게 3가지 중의 한 가지는 꼭 대접한다.

- 초콜릿 권하기

베테랑이 초등학교 1학년 때, 미군 초콜릿을 우연히 먹고는 그 순간부터 지금까지 변함없는 생각을 한다고 했다.

"어떻게 인간이 이런 맛을 만들 수가 있을까?"

그래서 그의 연구실에는 언제나 초콜릿이 있다.

- 책 선물

읽은 책을 아낌없이 뿌린다. 성적이 나쁜 학생에게는 방학 중에 읽으라면서 전공과는 상관없는 책을 주고, 성적이 좋은 학생에게는 성적이 지나치게 좋다면서 전공과는 무관한 책을 준다. 전공과 관련된 책은 성적이 어중간한 학생들이 받는데, 한 번은 그게 궁금해서 병목이가 물었더니,

"전공 책이 뭐가 재밌다고 그놈들이 읽겠냐? 가우스 분포의 중간이 아니면 선물이 헛물 된다."

좌우간 베테랑의 대답은 시원하다.

– 물 먹이기

생수 박스가 베테랑의 연구실에 있다. 오는 손님에게는 다짜고짜 맹물 한 병이 앞에 놓여진다. 예약 손님은 물병이 미리 기다린다. 연구실을 나갈 때는 모두 베테랑에게서 물을 먹었다.

오늘도 연구실 문을 열고 베테랑을 보니, 초콜릿을 입에 넣고 있다. 그러면서 병목이에게

"물 마실래?"

한다. 냄새가 오늘은 진짜로 물을 먹일 것 같다. 베테랑은 한 번씩 초콜릿보다는 물을 먼저 권하는데, 이것은 위험하다는 신호다. 베테랑 말을 빌리면, 행동은 말보다 더 큰 소리를 내는 법이다.

병목이는, '물을 마시면 재미없게 된다. 어떻게든 빠져나가야 곤혹스런 질문을 막는다.'면서 승부수를 띄웠다.

"초콜릿은 안 주십니까?"

"물을 먼저 먹이고 싶어서!"

"왜 갑자기 더 친절해지시는지?"

"그냥, 그런데 독구는 새벽 산보를 좋아해?"

"어이쿠, 내 이야기를 생각하셨구나."

D.4. 충돌문제 그룹

어떤 문제나 시스템에서 어느 한 기능을 좋게 하면 다른 기능이 나빠지는 경우가 있다. 시스템처럼 다수의 기능들이 필수적으로 요구되는 경우에는, 이들 기능끼리의 충돌이 반드시 해결해야 할 문제로 나타난다. 이러한 충돌은 기능들이 합쳐지는 기능구조 조합의 결합부인 -서로 다른 요구나 기능들이 만나는- 접합점(node)에서 발생한다. 예를 들어, 배는 부양성과 적재성, 그리고 이동성이 좋아야 한다. 설계자는 이 3가지 성능들이 좋아지면 좋아질수록 좋은 설계로 평가한다. 그런데 설계자에게는 이 3가지 성능들이 동반 향상되어서 만족스러워 할 일은 거의 없다. 어느 한 기능의 향상은 다른 기능의 저하를 불러오기 때문이다.

충돌문제는 :

① 충돌의 근본 원인인 제한된 자원을 규제하고 있는 **법규를 개정**하거나

② 제약조건을 바꾸어서 바뀐 조건을 수용한 **신기술**로 처리하거나

③ 충돌하는 기능들을 동시에 가지는 **신소재**의 사용이거나

④ **분리의 원칙**으로 해결하거나

⑤ **절충**으로 해결

한다.

그러므로 충돌문제해결방식을 정리하면 〈표 4〉와 같게 된다.

〈표 4〉 충돌문제의 해결방식

문제	처리 과정	내용
충돌의 해결	법규 개정	제약 철폐 또는 완화
	신기술 적용	제약조건의 수정
	신소재 사용	제약조건의 해결
	분리의 원칙	공간, 시간, 상황, 기능별 분리로 처리
	절충	기능 타협

목표상태를 설계할 때는 가장 먼저 목표상태가 지니는 목적을 명확히 해야 한다.

예를 들어 목표상태가 배라면 배가 지니는 목적-사람과 화물을 운송하는 것-을 분명히 한다. 이렇게 목적을 분명히 하면, 그 목적에 관련된 제약조건이 나타난다. 목표상태가 배인 경우 목적달성을 어떻게 할 것인가?라는 자연스런 질문에 따라서 "물을 통해 운송"이라는 제약조건과 여타 조건들-기술적, 법적, 환경적, 경제적 조건들-이 등장한다. 이에 따라 목적과 제약조건 아래 필요한 필수기능이 추출된다. 말하자면, 물에 뜰 수 있는 부양성능과 사람과 화물을 실을 수 있는 적재성능, 그리고 출발지에서 목적지로 갈 수 있는 이동성능의 3가지 필수성능이 나타난다. 이렇게 얻어진 필수성능을 발현시키기 위해서 각각의 기능을 작동시키는 부분기능구조를 구성한다. 그리고 부분기능을 이루는 세부기능들은 부분기능 아래에 구성된다. 그런데 이렇게 서로 다른 요구나 기능들이 만나는 접합점에서는 기능충돌이 발생한다.

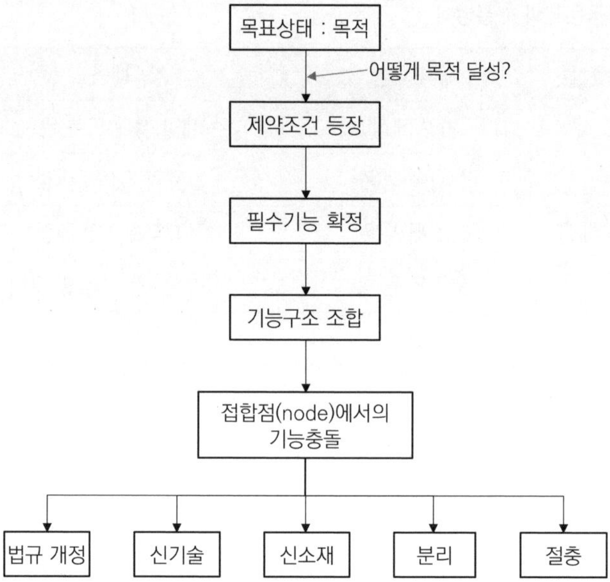

[그림 16] 충돌문제해결 과정

[그림 16]은 충돌문제를 갖는 목표상태 설계의 핵심요지를 나타내고 있다.

다시 한번 배를 예로 들면, 선박은 사람과 화물의 운송 목적으로부터 "부양성, 적재성, 이동성을 갖는 수상구조물"로 정의되는데, 선박의 필수성능인 부양성, 적재성, 이동성 사이에는 적재성이 좋아지면 이동성이 나빠지는 것처럼 어느 한 요소의 기능 향상은 이와 연동된 다른 요소의 기능 하락으로 나타난다.

우리의 생활에서 발생하는 문제들 중 아주 많은 것들이 충돌문제여서, 충돌문제해결을 다시 살펴본다. 〈표 5〉는 일반적인 충돌문제해결순서를 보여주고 있다.

〈표 5〉 충돌문제해결순서

① 충돌문제의 확인 ② 문제의 정의와 필수기능 확인 ③ 상호 충돌요소 추출 ④ 충돌의 검토 ⑤ 충돌문제의 해결 – ⓐ 법규 개정 – ⓑ 신기술 – ⓒ 신소재 – ⓓ 분리 – ⓔ 절충

① 충돌문제의 확인

현재상태와 목표상태를 확인한다.

현재상태가 목표상태에 접근하는 것을 방해하는 요소가 있는지를 확인한다.

문제해결을 방해하는 요소가 있다면, 그것이 충돌을 일으키는지, 아니면 유해요소인지를 구분한다.

② 문제의 정의와 전체기능 확인, 그리고 기능구조 분석

현재상태와 목표상태를 정의한다. 문제의 정의에는 필수적인 필수기능과 제약이 명시되어야 한다. 그리고 필수기능들을 유기적으로 결합시키는 전체 기능구조는 트리(Tree) 구조로 구성된다.

그리고 기능구조의 형성은 아래에서 위로 향하는(Bottom-Up) 방식으로 이뤄진다.

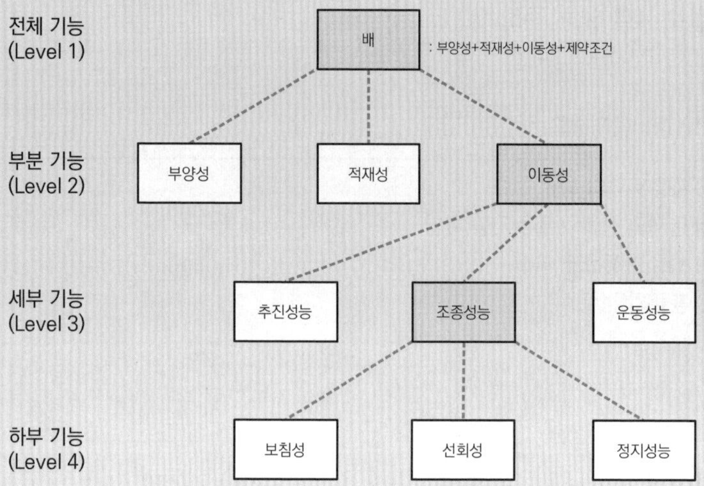

[그림 17] 배의 기능구조 구성

[그림 17]은 배라는 목표상태의 기능구조를 보여준다. 맨 위에는 부양성 - 적재성 - 이동성이라는 필수기능이 제시되고, 하층으로 내려가면서 부분기능과 세부기능, 그리고 하부기능 등으로 나눠지면서 전체기능을 발현시킨다.

③ 상호 충돌요소 추출

기능구조를 나타내는 트리 그래프에서 기능들이 서로 만나지는 접합점은 기능이나 특성의 분기점이 된다. 기능의 충돌은 접합점에서 발생한다. 그러므로 각각의 접합점에 어떤 기능들이 연결되고 있는지를 살펴보면 충돌 검토가 쉽게 된다.

[그림 17]의 경우 하부기능인 보침성, 선회성, 정지성능이 모이는 조종성능에서 기능들 사이의 충돌이 나타날 수 있고, 세부기능인 추진성능, 조종성능, 운동성능이 모이는 이동성에서 충돌이 나타날 수

있으며, 부분기능인 부양성, 적재성, 이동성이 모이는 전체기능에서 부분기능 사이의 충돌이 나타날 수 있다. 그러므로 충돌요소 추출은 기능들이 모이는 접합점만 관찰하면, 쉽게 찾을 수 있다.

④ 충돌의 검토

충돌문제에서, 기능구조 분석을 통해 충돌하는 요소들 또는 충돌하는 기능들을 찾아낸다.

접합점에 모이는 기능들 중에서 어느 한 요소가 문제해결 방향으로 움직일 때, 이와 연동된 다른 요소가 문제해결을 가로막거나 방해하는 방향으로 작용하면 충돌이 있다.

충돌의 해결에서는 대상이 자연인 경우와 인간인 경우로 나뉘고, 대상이(상대가) 인간인 경우는 게임 문제로 전환된다. 그리고 게임 문제에서는 분리의 원칙과 상황 주도의 원칙이 따로따로 쓰이기도 하고, 복합적으로 엮어서 쓰이기도 한다.

⑤ 충돌문제의 해결

충돌문제의 해결에는 일반적으로 다섯 가지 방법이 사용된다.

ⓐ 첫 번째가 법규 개정이다.

예를 들어, 봉건시대와 계급사회에서는 신분의 차이가 충돌을 불러왔다. 신분의 차이를 없애는 법령은 귀족과 평민 간의 충돌을 수용한 것이 된다. 새로운 법령은 공업에서도 충돌을 해소한다. 기능구조의 상위 단계에 있는 제한값을 바꾸거나 없애면 충돌이 해소된다. 모든 충돌은 기능구조 상위 단계에서 한정된 자원 때문에 설정하는 제한값 때문이다.

ⓑ 두 번째가 신기술 활용이다.

신기술의 적용은 신기술의 의미를 확실히 하지 않으면, New Technology란 말에 최면이 걸려서 새로운 기술의 검색에만 시간을 퍼붓는다. 그래서 "신기술"이란 말이 함축하고 있는 의미를 확실히 살펴본 뒤에 신기술의 기능을 파악하고 활용해 보자.

모든 목표상태에는 반드시 있어야 할 공통적 특성인 필수기능과 필수적 제약조건이 있다. 여기에 제약조건의 변경이 목표상태의 가치나 효율을 높인다면 사람들은 제약조건을 변경할 수 있는 한도까지 변경시키고 싶어 한다. 그리고 그러한 제약조건의 변경을 수용하는 것이 바로 신기술이다. 그러니 신기술이란, 필수적 제약을 변경시키는 것이 핵심이다. 따라서 우리는 신기술이란 표현이 나타나면 필수적인 제약을 어떻게 바꿀 수 있는지를 가장 먼저 확인해야 한다.

ⓒ 세 번째가 신소재 활용이다.

신소재는 소재공학에서 개발되거나 발견된 새로운 기능의 소재를 가져와서 충돌문제를 해결하는 것이다. 신소재의 의미는 충돌하는 기능을 모두 수용하는 소재가 된다.

신기술과 신소재의 활용이라는 의미를 들여다보면,
신기술은 전체기능을 구현시킬 때 부과되는 제약을 우회하거나,

제약조건을 살짝 바꾸는 경우나 슬쩍 피하는 경우가 된다. 그러므로 신기술이란 말이 있으면, 제약조건을 어떻게 피하고 바꾸는 지를 주의 깊게 살펴봐야 한다. 간단한 예를 들면, "선박은 부양성 + 적재성 + 이동성을 갖춘 수상구조물"이다. 여기서 잠수함은 출항과 도착 시는 수상에서지만 운항은 수중에서 한다. 배에 부과되는 제약조건을 "수상구조물"에서 "수상-수중구조물"로 슬쩍 바꾸면 이렇게 변경된 제약조건을 수용한 것이 물속에서 항행할 수 있는 잠수선이 되고, 신기술이 된다.

신소재는 신기술처럼 제약이나 규칙을 바꾸는 것이 아니라, 제약을 엄격히 지키면서 충돌문제를 해결하는 것이 된다. 예를 들어 티타늄은 가볍고, 강하고, 녹슬지 않아서 가벼우면서도 강력해야 한다는 항공기 자재의 충돌문제 요구에 딱 들어맞는다. 그러므로 신소재의 의미는 서로 충돌하는 기능들을 함께 수용하는 것이 된다.

ⓓ 네 번째가 분리의 원칙이다.

분리의 원칙은 [공간분리, 시간분리, 상황분리, 기능분리]뿐 아니라, 문제의 주체인 당사자마저도 물리적 자신과 정신적인 자신을 분리해서 문제해결에 투입할 수가 있다. 분리의 원칙에 의한 충돌문제의 해결은 정치, 경제, 공학, 군사, 애정문제 등등의 폭넓은 영역에 무제한의 경우들을 망라한다.

분리의 원칙이란, 요구되는 필수기능을 분리해서 구현시키는 것으로 시간과 공간에서 적절한 차이를 두면 서로 충돌하는 두 가지 요구를 모두 충족시켜 충돌문제를 해결할 수 있다는 착상이다. 이 착상은 기능분화의 원리로 확장되었다.

대표적인 예로는 근시와 원시를 함께 갖는 눈의 문제를 해결하는 다중초점 안경이나, 양력과 추력을 분리하면서 하늘을 날 수 있게 된 비행기, 2차 대전 후 폭발적 경제성장기의 일본이 내세웠던 정경분리원칙(정치와 경제의 분리라는 주장)과 옛 중국의 전국시대를 통일한 진나라가 채택했던 원교근공 정책 등이 있다.

ⓔ 다섯 번째는 절충(Trade-off)이다.

서로 충돌하는 두 기능들을 타협시켜서 절충(Trade-off)하는 통상적인 방법의 문제해결이다.

인간의 삶에서 일어나는 대부분의 문제들이 서로 얽힌 충돌문제다. 오죽하면 산다는 게 칡덩굴처럼 얽혀있다고 해서 갈등이란 말까지 생겼을까! 이렇게 얽힌 상태들을 들여다보면, 서로 상충되는 특성이나 기능들이 숨어있다. 널리 알려져 있는 東家食西家宿의 심리적 갈등도 들여다보면 개체보존본능과 종족보존본능의 충돌이다. 생존에 도움이 되는 특성과 번식에 도움이 되는 특성 사이의 충돌이 만드는 문제였다.

뿐만 아니라, 수많은 공학자나 기술자들이 제품이나 국방장비를 개선하거나 개발하려 할 때 맞닥뜨리는 것도 충돌문제며, 자본의 투자나 의사결정에서도 충돌이 바탕에 깔려있다.

기능구조의 접합점에서 충돌이 일어나는 이유를 한 번 더 살펴보자.

대상이 자연인 경우, 기능구조의 상위 단계에서 요구하는 어떤 제한된 값이나 크기 때문에 아래 단계에서 충돌이 발생한다. 예를 들어, 어떤 건물의 면적이 $625m^2$을 넘을 수 없다는 조건이 있으면 가로길이(x)가 세로길이(y)에 연동되어 서로 충돌한다. 만약에 건물의 체적이 특정 값으로 지정되면 길이(x)와 폭(y)과 높이(z)가 서로 충돌한다.

대상이 자연인 경우, 이러한 제한은 예를 든 면적과 체적뿐 아니라 운동량이나 예산 등이 될 수 있다.

대상이 인간이면, 상위 단계에서 요구하는 개체보존본능과 종족보존본능이 충돌의 원인이 된다. 예를 들어, 널리 알려져 있는 동가식서가숙의 이야기에서 개체보존본능은 총각집이 부자라는 요소가 포기할 수 없는 기능이고, 종족보존본능은 총각의 잘생긴 표현형이 포기할 수 없는 기능이라는 점이다. 이렇게 포기할 수 없는 기능끼리는 충돌할 수밖에 없다.

여기서 예상되는 질문을 미리 던져보자.

- 많은 문제에서 충돌을 일으키는 상위 단계에서의 제한은 무엇 때문인가?

그 답은 제한된 자원 때문이다.

예를 들면, 어떤 아버지가 1,000만 원을 갖고 있다. 그런데 딸은 700만 원이 필요하다고 하고, 아들은 600만 원이 필요하다고 한다.

그러면 딸의 필요와 아들의 필요가 충돌한다.

요컨대 상위 단계의 제한된 자원이 하위 단계의 충돌을 일으킨다. 그러므로 국가의 무역수지 적자는 계층 간의 충돌을 불러오고, 부모님의 수입 감소는 아들과 딸의 충돌을 불러온다.

대상이 인간일 때, 상위 단계에서 제한 값을 정하는 재미있는 예는 2,000년도 넘는 옛적의 한비자에서 찾아볼 수 있다.

→ 어떤 부부가 신(神)에게 복을 빌고 있었다.
아내가 베 100필을 내려주시라고 기도하는 것을 들은 남편이
"그건 너무 적잖아?"
하자, 아내가 말했다.
"그보다 더 많으면, 당신이 첩을 들일 거잖아요!"

여기서 베 100필은 상위 단계의 제한값이다. 남편은 (첩을 들일 수 있는 만큼) 100필보다 더 많이 바라는데, 아내는 (첩을 들일 수 없도록) 100필보다 많지 않게, 그러나 100필까지는 최대한 많이 받기 바랐다. 남편의 가망 없는 희망과 아내의 날카로운 견제는 100필이라는 제한 값을 중심으로 서로 충돌한다.

대화11 시행착오 그룹

"오늘은 마지막 부분이다."

라는 말을 하면서 베테랑이 병목이에게 종이를 넘겨주었다.

제목을 보니 〈시행착오법〉으로 많이 듣던 것이었다.

이번에 분류되는 것은 시행착오법에 의한 문제해결인데, 이전의 앞선 분류에서 (예를 들면, 유해요소나 충돌문제 등에서) 찌꺼기 문제들이 해당되는 것이었다. 그래서 병목이가 베테랑에게 물었다.

"시행착오법까지만 분류하면, 이 세상에서 일어날 수 있는 모든 문제들이 다 포함됩니까?"

베테랑의 눈이 기쁨으로 반짝하는 것을 보았다.

"그래. 이것은 최종적인 안전장치로 깔아두는 것이다. 이 세상의 문제는 논리적 추론법 - 목표상태 디자인 - 유해요소 - 충돌문제로 다 포함된다고 믿는다. 현재상태를 목표상태에 일치시킬 수 없도록 하는 유해요소나 충돌은 거의 모든 문제들이 가지는 특성이라서 논리적 추론법에서 충돌문제까지 만으로도 이 세상 문제들이 포괄된다고 본다. 그러니 시행착오법은 흘리는 문제가 없도록 하는 안전장치와도 같다."

"시행착오법이란 어떤 겁니까?"

"이것저것 고치면 그중에는 현재상태가 목표상태에 가까워지는 것이 있고, 그것을 새로운 현재상태로 삼아서 이것저것 또 고쳐보다가 목표상태에 도달하여 멈춘다는 것이다."

"방법이 단순해서 좋지 않습니까?"

"바로 너처럼 시간 제약을 못 지키는 경우가 많다."

"어이쿠!"

D.5. 시행착오 그룹

지금까지 문제들을 4가지 유형으로 분류했다. 그런데 논리적 추론법 - 목표상태 디자인 -유해요소 처리법- 충돌문제해결법에 속하지 않고 남은 문제들이 아직 있다면, 나머지 모두는 시행착오법으로 묶는다.

여기서의 시행착오는 문제해결을 위해 현재상태를 (순차적이고 체계적으로) 바꾸면서 목표상태에 접근시킨다는 의미이다. 현재상태를 구성하는 요소들이 값을 바꾸면 현재상태의 기능이나 작용도 변한다. 이때의 기능이나 작용은 입력과 출력 사이의 성능특성을 의미하며, 포괄적 표현으로는 입력과 출력 사이의 일반적인 관계가 된다. 입력으로 들어가서 출력에 영향을 주는 것들 중에서 관리(control)가 되는 설계변수와 관리가 되지 않는 잡음(noise)이 있다. 현재상태의 변화를 보다 효율적이고 체계적으로 관리하려면, 관리할 수 없는 잡음은 냅두고 관리할 수 있는 설계변수들을 비교해서 중요도를 매기고, 이 중요도의 순서에 맞게 설계변수 값의 조정을 하는 것이 좋다. 그리고 설계변수의 우선순위를 결정할 수 없으면 인간 경험을 토대로 하는 heuristic method에 의해서 진행할 수도 있다.

시행착오법의 장점은 "시도가 없으면, 얻는 것도 없다!"는 서양 속담처럼 장님 지팡이 휘두르듯 시도라는 지팡이를 내두르면, 뜻밖에도 얻어걸리는 것이 있다는 것이다.

"두드려라, 그러면 열릴 것이다."라는 예수님의 말씀처럼 문제해결에서도 그냥 맹탕으로 앉아 기다리는 게 아니기 때문에 목표상태로 향한 개선을 가져온다.

여기서 당연히 있을 법한 질문을 미리 해본다.

질문 → 시행착오법 하나만으로 현재상태를 목표상태로 근접시켜 문제해결을 시도할 수 있겠는데, 왜 여러 가지 문제 해법 중에서 맨 마지막에 이 방법을 배치했는가?

답 → 시행착오법의 최대 단점은 허용된 시간 안에 문제해결이 보장되지 않고, 의사결정의 실수(순서나 정도가 틀린 결정)가 허용되지 않는 문제들에서는 시행착오 자체가 용납되지 않기 때문이다. 시행착오법은 작용시간과 작용공간, 그리고 투입비용의 제약을 위배하는 경우가 많기 때문에 맨 뒤에 마지막 그물망으로 배치되었다.

질문 → 변화의 속도가 빠른 공업화된 사회에서는 시행착오법이 쓸모가 없는 것은 아닌가?

답 → 아니다! 공업화된 기술사회에서는 뜻밖에도 시행착오법의 유용함이 어마어마해진다. 시행착오법이 연산속도가 빠른 컴퓨터 기술과 결합하면, 그 효과는 상상을 초월한다. 우리가 잘 쓰는 "IF ~, THEN ~."라는 단순한 규칙도 시행착오법에 해당된다. BLOCK IF로 처리되면, 복잡한 경우도 해결되는데 그 예를 찾아보자.

오늘날의 전투에서는 원거리에서 미사일이 사용된다. 유도미사일은 표적을 찾을 때, 탄도역학의 2계 편미분방정식을 풀면서 가지 않는다. "IF ~, THEN ~"의 규칙에 따라 센서가 얻은 적외선이나 반사된 파의 값에 따라 방향을 수정할 뿐이다. 컴퓨터의 연산속도와 처리용량이 증가되면서 시행착오법은 스마트하게 현재상태를 목표상태에 이끌고 가서 문제를 해결한다. 이것은 시행착오법과 컴퓨터 기술이 서로 만나 나타난 시너지 효과다.

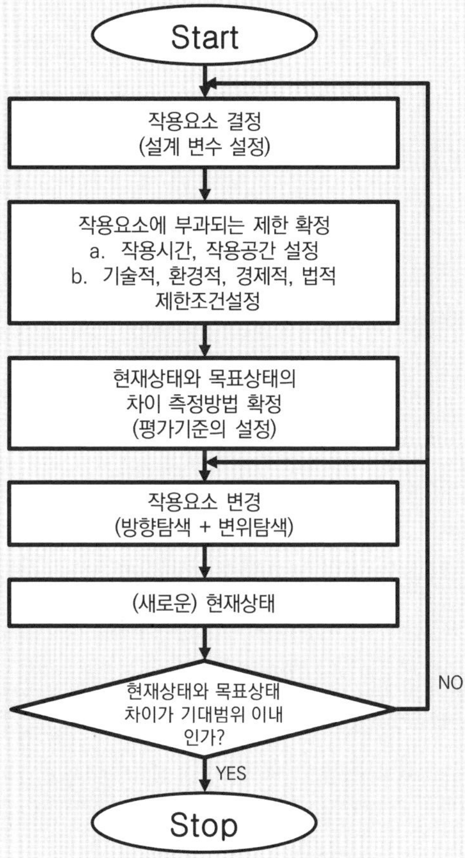

[그림 18] 시행착오법의 처리과정

[그림 18]은 시행착오법의 개념적 흐름도이다. 문제가 구성되었을 때 현재상태와 목표상태가 명확히 정의되고, 이들 두 가지 상태 사이에 측정할 수 있는(정량적으로 계량화할 수 있는) 차이가 관찰되면 문제가 성립된다. 그리고 이렇게 구성된 문제에서 현재상태를 목표상태에 점진적으로 접근시켜 두 상태 사이의 차이를 없애는 것이 시행착오법이다.

시행착오법은 명칭을 살린다면 그냥 닥치는 대로 현재상태를 바꾸어보면서 바뀐 결과가 현재상태를 목표상태에 더 접근시키면 그것을 새로운 현재상태로 잡아서 다시 닥치는 대로 새로운 현재상태로 바꾸어보는 것이 된다. 그러나 그것은 체계가 없어서 시행과 착오를 더 많이 반복하는 결점이 있다. 다시 말해, 현재상태를 목표상태에 접근시키는 효율적인 방법을 확정하지 않고 왔다 갔다 장님 지팡이 휘두르듯 하다가 우연히 걸리는 것을 잡아내는 식이 된다. 그래서 현재상태를 목표상태에 가져오는데 소요되는 시간과 에너지가 훨씬 많이 들게 된다. 이럴 때, 현재상태를 바꾸는데 크게 작용하는 요소들이 무엇인지를 찾을 수 있다면, 두 가지의 장점을 활용할 수가 있게 된다.

① 현재상태를 목표상태에 일치시킬 때까지 투입되는 시간과 에너지를 줄일 수 있다.

② 현재상태의 개선 방향과 크기를 조절할 수 있다.

그러므로 가장 먼저, 현재상태를 변경시켜 목표상태에 접근시킬 방법을 찾아야 한다. 이러한 현재상태의 변경에서 가장 일반적인 것이 현재상태에서 모든 방향으로 일정한 크기의 변화를 주고, 이러한 변화에 의한 현재 상태와 목표상태와의 차이를 측정해서 가장 많이 목표상태에 접근한 것을 새로운 현재상태로 삼는다. 그런 다음에 새로운 현재상태에서 모든 방향으로 일정한 크기의 변화를 다시 주고, 변화의 결과로 얻어지는 새로운 상태 중에서 목표상태에 가장 근접한 것을 새로운 현재상태로 삼는다. 그리고 이런 과정을 반복하다가 목표상태와 새로운 현재상태의 차이가 기대범위 안으로 들어오면, 두 상태 사이의 차이가 없어져서 문제가 해결되었다고 간주한다.

이렇게 현재상태를 바꾸어서 목표상태에 접근시키려면 체계적이고 일관된 방법으로 현재상태를 바꿀 수 있어야 되는데 이를 위해서는 관리할 수 있는 설계변수를 설정하는 것이 필요하다. [그림 18]에서 시행착오법의 첫 단계인 작용요소 추출(설계변수 설정)에서는, 현재상태를 변경시키려면 어떤 특성을(어떤 기능을) 관장하는 어떤 것들을 관리 인자(Control factor)로 잡아야 하는지를 결정하는 것인데, 문제해결에서 가장 어려운 단계가 된다. 그것은 각각의 문제가 가진 기능특성과 제약조건 및 작용원리가 완벽히 이해되어야 작용요소 또는 관리요소(설계변수)의 올바른 설정이 가능하기 때문이다.

IN → R → OUT의 관계에서, 입력(I) 중에는 어떤 것이 있는지를 목록화한 뒤에, 이들 입력의 영향을 받는 출력(O)을 정리하여 이들 입력과 출력 사이의 기능 관계를 찾는다. 그리고 이들 입력과 출력 사이의 기능 관계를 설계자가 관리할 수 있으면, 설계변수로 책정하고, 입력으로 들어가서 출력에 영향을 미치지만, 설계자가 관리할 수 없는 것들은 잡음(Noise)으로 분류한다. 당연히 잡음에 민감하지 않은 것이 좋은데, 이것에 대한 고려는 부차적이다.

입력과 출력 사이의 관계로부터 작용요소가 결정되면, 추출된 작용요소(설계변수)들에 부과되는 (작용요소들이 갖는) 제한들을 설정한다.

생각해 보면, 이 세상 모든 것에는 조건이나 제약이 붙어있게 마련이다.

"공짜점심은 없다!"란 속담은 모든 것에 조건이나 제약이 붙어있다는 강조다.

예를 들면 생물계의 먹이사슬에서 꼭대기를 차지하고 있는 우리 인간도 개체보존본능과 종족보존본능에서 발원한 여러 제약에서 벗어나지 못한다. 그래서 마시고, 먹고, 입고, 보호된 곳에서 잠자야 하는데, 이런 모든 제약을 기호 "="와 "≤" 또는 "≥"로 표현되는 등식이나 부등식으로 나타낼 수 있다. 이러한 제약조건을 말로 하면, "~와 같아야 한다."거나 "~보다 크지 않아야 한다." 또는 "~보다 작지 않아야 한다."로 표현된다. 그리고 문제가 찾는 답은 이들 모든 조건이 동시에 만족 되는 해 집합 안에 있다.

작용요소 또는 설계변수로 불리는 요소들에 부과되는 제한이 확정되면, 현재상태와 목표상태와의 차이를 측정하는 측정방법을 정해야한다. 목표상태와 현재상태 사이의 차이가 측정될 수 없으면, 목표상태에 대한 현재상태의 접근 정도를 알 수 없게 되어서 문제가 해결될 수 없다. 대부분의 문제에서는 이러한 차이의 측정기준이 돈이나 시간으로 대체될 수 있다. 그것은 돈이 가지는 교환능력으로 기능을 환산할 수 있기 때문이다. "시간은 돈이다!"라는 격언에서처럼 시간도 기능들의 간접비교 능력을 갖기에 평가 기준이 된다. 때로는 시간과 돈이 등가로 평가된다.

돈이 최고의 평가 기준으로 될 수 있는 것은 돈이 갖는 만물과의 교환능력 때문이다. 돈으로는 커피와도 바꿀 수 있고, 책이나 영화표와도 서로 바꿀 수 있고, 온갖 서비스와도 바꿀 수 있고, 모든 아이디어와도 맞바꾸는 교환능력이 있다. 예를 들어, 우리가 어떤 책을 만 원에 산다면 책과 만 원을 맞바꾼 것이다. 이 경우, 내게는 방금 산 책의 가치가 정확히 만 원이다. 그런데 책방을 나서자마자 건너편에 극장이 보이고, 선전하는 새 영화의 입장료가 만 원인데, 지금 꼭 그 영화가 보고 싶어졌다. 그래서 창구에 표 한 장을 말하고는 방금 산 책을 디밀어 넣으면 극장표 대신 "이게 뭔가요?"하는 강력한 항의가 쏟아져 나올 것이다. 책의 가치는 내게만 있고, 돈의 가치는 모든 사람들이 공동으로 인정한다. 그래서 책은 교환능력에서 돈을 따라가지 못한다.

현재상태의 변경에 대한 평가 기준이 설정되면, 작용요소의 값을 체계적으로 변경하여 현재상태를 변경시킨다. 현재상태를 바꾸는 방법이 n개가 있다면, 그 n개의 방법 중 기회비용이 최소인 것을 선택하는 것이 좋다. "기회비용이란, 어떤 목표에 도달하거나 어떤 목적을 달성하는데 들어가는 최소의 비용(돈, 노력, 에너지 등의 투입물)과 최소비용의 방법 대신에 다른 어떤 방법을 선택해서 그것에서 드는 비용과의 차이"로 정의된다. 그러므로 가장 좋은 것은 기회비용이 Zero인 방법이고, 기회비용이 적을수록 좋은 방법이 된다.

시행착오법의 장점은 문제해결 방법이 단순하다는 것이다.

무시 못 할 단점은 문제해결을 제한하는 작용시간이나 작용공간을 지키지 못하고 허용범위를 벗어날 수 있다는 것이다.

대화12 문제의 분류와 처리 방식

"바깥은 눈이 어질어질해지고, 이마가 벗겨질 것 같이 햇빛이 강하다. 맑은 하늘에서 황금 화살이 쏟아져 내리는 것 같다."

연구실을 들어서면서 병목이가 멋진 문장을 자랑하니 베테랑이 안타깝다는 표정으로,

"아쉽다. 3300년 정도만 먼저 그렇게 말을 했더라면 병목이의 문학적 감각을 세계에 알렸을 텐데!"

3300년이란 말에 놀란 병목이가

"3300년은 또 뭡니까?"

"이집트 신왕조의 파라오 아케나톤이 햇빛을 황금 화살로 표현했다. 지금부터 3300년 전이지."

('이럴 땐 입을 다무는 게 본전을 지키는 길이다!')

"그래도 병목이 감성이 눈부신 데가 있어서 기쁘다. 아케나톤의 왕비가 유명한 네페르티티이고, 아들은 더 유명한 투트 엔크 아문-투탕카멘-이지."

('베테랑은 돈 안 되는 것만 아는 것도 신기하네!')

"황금 화살이 가득 쏟아지니 온몸이 따끔거려?"

그러더니 베테랑이 책상 위에서 가져온 종이를 병목이 코앞에서 펼쳤다. 그것은 〈문제처리순서〉였다. 그런데 병목이더러 그것을 베테랑에게 하나씩 순서대로 설명해보라고 했다.

('아하, 이것이 바로 베테랑식 교육이구나!')

병목이는 베테랑의 눈을 흘끔 보고서, 다음에 설명 드리겠다는 말을 신속히 목구멍 안으로 삼켰다. 그리고는

"Start"

하고, 문제해결의 처리순서 설명을 끌려가는 기분으로 시작했다. 그러면서 잠시 정신을 놓고 있는데,

"이 플로우차트가 이 책에서 무게중심이 된다. 모든 질문도 이것이 있는지를 묻는 것일 테고."

하는 베테랑의 목소리가 근두운을 타고서 1000리 밖 콩밭으로 놀러 나갔던 병목이의 정신을 불러왔다. 말을 더듬는 병목이에게

"특정상황이란 무엇이냐?"

하는 베테랑의 채근이 따라왔다. 병목이는 엉뚱하게도,

"소리가 있어서 메아리가 있고,

형체가 있어서 그림자가 있다.

베테랑의 채근은 그림자 같아서 도무지 떨어질 것 같지가 않네."

하며 딴전을 피웠다.

"그래, 근두운을 타고 내빼고 싶단 말이지? 긴고아주를 외울게!"

"그러시기 전에, 플로우차트와 문제처리순서를 바꾸시는 게 어떻습니까? 이렇게 표현되면 책 읽을 사람이 왕창..."

"줄어든다고?"

"저라면 펼쳐보다가 플로우차트가 보이면 안 삽니다."

"좋다! 더 쉽게 바꿔보자!"

D.6. 문제의 분류와 처리 방식

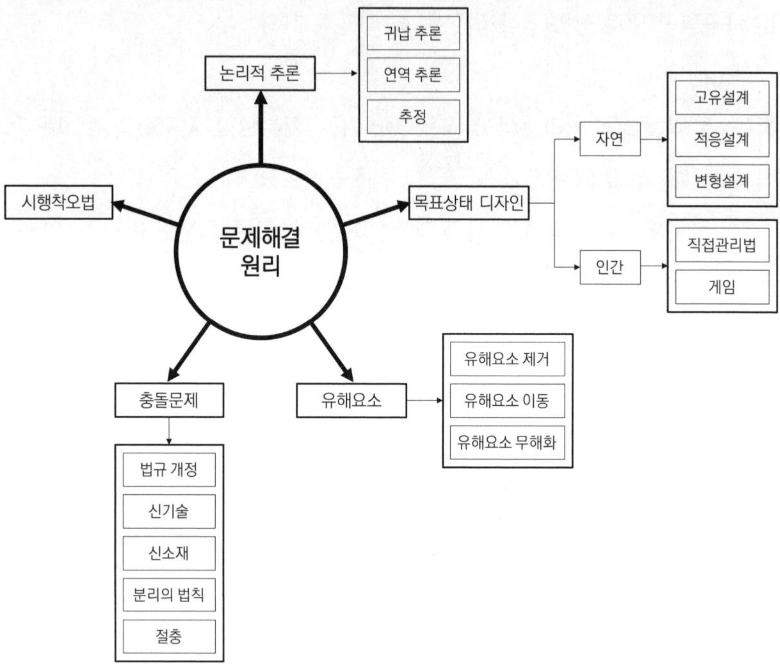

[그림 19] 분제의 분류와 처리 방식

〈표 6〉 분제의 분류와 처리 방식

문제특성		주된 해결원리
논리적 추론법	귀납 추론	귀납 추론 + (Rule in, Rule out) ↷가설 확인
	연역 추론	Rule + Input
	추정	Rule + Output
목표상태 디자인	고유설계	문제 정의→기능구조설계
	적응설계	고유설계→수정된 제약조건 수용
	변형설계	적응설계→기하학적 변이
	직접관리법	미끼사용원칙
	게임	
유해요소	유해요소 제거	유해요소 물리적 제거
	유해요소 이동	자연물: 물리적 작용력이 큰 쪽으로 끌려가게 한다. 인간 : 개체보존본능과 종족보존본능이 보다 강하게 작용하는 쪽으로 따르게 한다.
	유해작용 무해화	물리적 작용력 약화 또는 기하학적 대응으로 유해작용의 완충과 흡수
충돌문제	법규 개정	제약 철폐 또는 변경
	신기술	제약조건의 해결
	신소재	제약조건의 수정
	분리의 원칙	공간, 시간, 상황, 기능별 분리로 처리
	절충	기능 타협
시행 착오법	모든 문제	관리요소(설계변수) 추출-관리요소 변이의 시행착오. 파라메트릭 스터디(Parametric Study)

〈표 7〉 문제해결 방법의 장단점 비교

	장점	단점
논리적 추론법	전제가 분명하면, 결론도 명확하다.	전제가 분명해야 한다.
목표상태 디자인	목표상태를 설계할 수 있으면 일거에 해결 가능하다.	목표상태에 관한 정보(목적, 필수기능)이 주어져야 한다.
유해요소	물리적 제거나 거리두기로 처리 가능하다.	어느 것이 유해요소인지 알기 어렵다.
충돌문제	충돌요소를 찾으면 해결이 쉽다.	제한된 자원의 규제로 인해 물리적 해결이 불가능할 수 있다.
시행착오법	자연이 선택한 최상의 해결책이다.	시간과 공간의 제약을 받는다.

E

적용 예

대화13 적용 예

병목이가 오늘 베테랑이 쓰고 있는 제목을 보니 〈적용 예〉였다.

"적용 예도 중요합니까?"

"이론의 검증이니 중요하지."

"적용 예에서는 어떤 게 가장 중요합니까?"

"각각의 예들이 갖는 전제가 중요하지."

"전제는 무엇입니까?"

"우선하는 조건이라는 뜻이다."

"그건 아는데, 왜 오늘 제목이 적용 예인데 전제란 말이 걸리는지 모르겠습니다."

"세상 모든 것에는 반드시 어떤 조건이 앞서기에 그럴 거다. 모든 예제에도 각기 다른 전제가 있다. 아주 그럴듯한 주장이나 주의라고 하더라도, 그 앞에 조건이 없으면 수상쩍기 짝이 없을 뿐 아니라 엉터리거나 위험천만한 것임이 틀림없을 것이다."

"왜 그런가요?"

"조건은 환경이다. 환경에 적응된 생물이나 주의나 주장은 생명력을 가지지만, 환경을 배제한 생물은 몬스터일 것이고, 주의나 주장은 상한선과 하한선을 넘어선 극단적 내용일 게 뻔하다. 그리고 무엇보다도 실현성이 없다는 것이 문제가 된다. 이상적인 주장은 듣기는 시원한데, 이상적이라는 말에는 조건에 구애받지 않는다거나 조건을 무시한다는 의미가 있기에 현실성이 없어진다."

"…?"

"그래서 문제를 다루는 경우에도 이런저런 조건을 생각하고, 그 조건 아래에서 문제를 다루겠다는 것을 분명히 할 필요가 있기 때문에."

"전제를 붙이는 건가요?"

"그렇다."

"우리는 어떤 전제 아래 사는가요?"

"MEIN HERZ IST EINE ZEITBOMBE!"

"베테랑이 버리려다가 남겨둔 공책 뒤의 낙서 아닙니까?"

"언제 썼는지는 모르겠지만, 내 글씨가 맞더라. 성실하고 열심히 살아야 한다는 말이다."

"그 느낌이 아닌데요?"

"그래, 내 심장은 시한폭탄!"

E 적용 예

챕터 E에는 적용 예들이 있다. 적용 예들은 문제특성별 해결원리가 일관성 있게 작동된다는 것을 보여주기 위해,

① 예와 설명이 분리된 것,

② 예와 설명이 섞인 것

으로 구성되고 있다.

E.1. 논리적 추론법 그룹

E.1.1. 귀납 추론 [율리의 숙제 ①]

『시무룩해 있는 율리를 보고 아버지가 물으셨다.

"율리, 어쩐지 시무룩한 얼굴인데?"

"숙제 때문에 그래요. 논리적 추론의 세 가지 예를 만들어 가야 해요. 귀납 추론, 연역 추론, 추정의 세 가지인데 귀납 추론부터 어려워요."

"그거라면 내가 율리를 도울 수 있지. 먼저, 그 뜻을 분명히 하면 다루는 게 쉬워져."

"아빠는 최고의 선생님이야!"

"그럼 바로 시작한다!"

"귀납 추론이란, 많은 사례에서 공통특성을 찾아내어 그 공통특성으로 규칙이나 원리, 원칙을 만드는 것이지."

"무슨 말인지 너무 어려워요."

"그래서 예를 들어줄게."

"지난 주말에 우리 가족이 과수원에 갔을 때, 엄마는 풀을 뽑고, 아빠는 포도를 솎아내었지. 심심해진 율리는 그때 무엇을 하고 있었는지 내가 물어봤는데, 그때 말한 거 기억나?"

"생각나요. 바로 지난 주말인데!"

"아빠가 엄마와 일하실 때, 산들바람이 잠시 불어왔어요. 그래서 학교에서 배운 미뇽(mignon)이란 시가 떠올랐어요.

'그대는 아는가, 레몬꽃 피는 나라를

어스름한 잎그늘엔 황금빛 오렌지 익어가고,

산들바람은 푸른 하늘에서 흘러와.'

그런데 그다음이 생각나지 않아서 조약돌을 집어 들어 풀밭으로 던졌어요. 돌이 떨어지자 놀란 개구리가 풀밭에서 뛰어올랐어요, 아버지는 그럴 때 솎아낸 포도를 바닥에 버리셨고요."

"거기까지를 하나씩 정리하면 어떻게 되니?"

"시를 떠올렸다.

돌을 던졌다.

개구리가 뛰었다.

포도를 버렸다.”

“거기에서 개별적인 특성을 가진 것은 버리고, 공통적인 특성을 가진 것을 남기면?”

“시를 떠올린 것은 나머지 다른 것과 달라요.”

“어떻게 다르니?”

“시는 생각이 움직인 것이고, 나머지는 물체가 움직인 것이에요.”

“잘하는구나! 그러면 시를 생각한 것은 버리고 나머지는 남기자!”

“그리고는 어떻게 해요?”

“돌이 움직인 것과 개구리가 뛴 것과 포도를 버린 것의 공통점은 무엇이냐?”

“무엇이 어떻게 움직였건 간에 모두 땅에 떨어졌어요.”

“예를 늘려보자. 지구 위의 모든 것은 움직이면(운동하면), 어디로 향하니?”

“모든 물체는 높은 데서 낮은 데로 떨어져요!”

“맞아. 다시 말해 땅으로 떨어진다. 이것을 원인과 규칙, 그리고 관계로 생각해보자.”

“간단한 그림은 생각 정리에 도움이 된다.

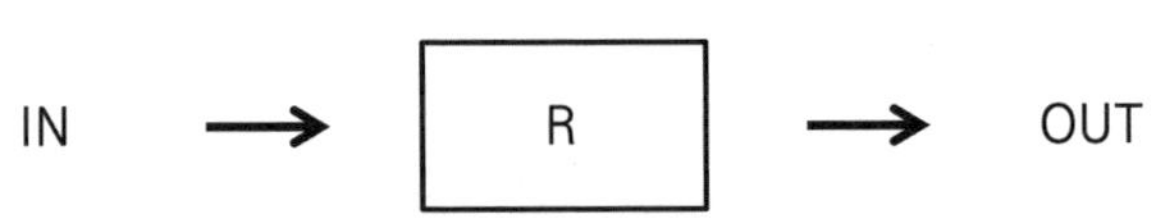

[그림 20] 논리적 추론의 관계

[그림 20]에서는 IN으로 나타낸 원인과 OUT으로 나타낸 결과들이 많다. 그런데 원인이 결과로 연결되는 어떤 특징이 분명하다면, 원인과 결과 사이의 어떤 특별한 관계를 나타내는 규칙(법칙, 원칙, 원리, Rule)이 있다고 생각할 수 있게 되는데, 이렇게 원인과 결과가 연결되게 하는 규칙(Rule)을 찾는 것이 귀납 추론이란다."

"율리가 과수원에서 본 것은 어떤 규칙을 찾게 하니?"

"IN으로 표시한 원인은 '움직이는 모든 것'이고,

OUT으로 표시한 결과는 '땅으로 떨어진다.'이며,

모든 것은 땅으로 떨어지니,

'땅은 모든 것을 끌어당긴다.'가 되요."

"정말 잘했다. 땅은 모든 것을 끌어당긴다를 지구는 사물을 끌어당긴다고 하자."

"좀 더 규칙을 규칙답게 나타내면 좋겠어요!"

"그렇다면, 지구는 사물을 끌어당기는 힘인 중력을 갖는다고 하자!" 』

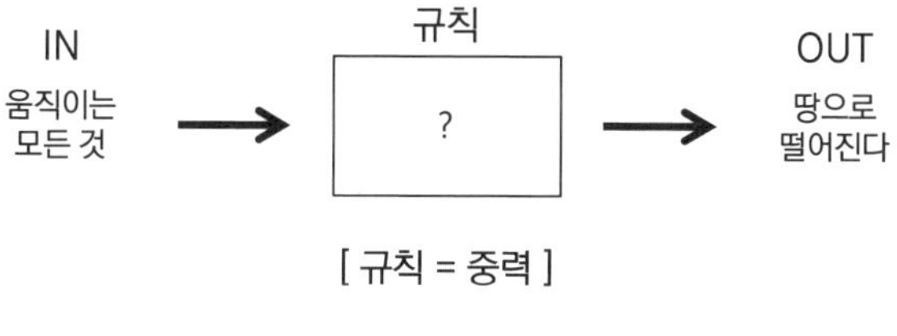

[그림 21] 귀납 추론

E.1.2. 연역 추론 [율리의 숙제 ②]

율리가 쉴틈도 주지 않고 아버지가 율리에게 물어보셨다.

"자, 이번에는 질문을 조금 다르게 바꾸어 보자.

네가 조약돌을 던지면, 던져진 그 돌이 어떻게 되는지?

뛰어오른 개구리는 어떻게 되는지?

내 손에 있던 포도는 어떻게 되는지 그 결과를 미리 알 수가 있겠니?"

"그것 말고도 알 수가 있어요. 야구선수가 쳐올린 야구공은 땅으로 떨어지고, 물은 높은 데서 낮은 곳으로 흘러요."

"어떻게 그걸 알지?"

"지구에서는 지구의 중력이 작용하고, 그 중력은 낮을수록 더 크기 때문이지요."

"그 말을 더 쉽게 하면?"

"지구상의 모든 사물은 지구중력을 받아요. 그래서 모든 것은 항상 아래로 떨어져요."

"그렇다. 지구의 중력이라는 규칙에 따라서 모든 사물은 아래로 떨어진다는 것을 알 수 있고, 그래서 조약돌, 개구리, 포도송이 모두가 땅에 떨어질 것을 미리 아는 것이 바로 연역 추론이 된다. 연역추론이란 원인과 규칙을 알고 결과를 예측하는 것이다."

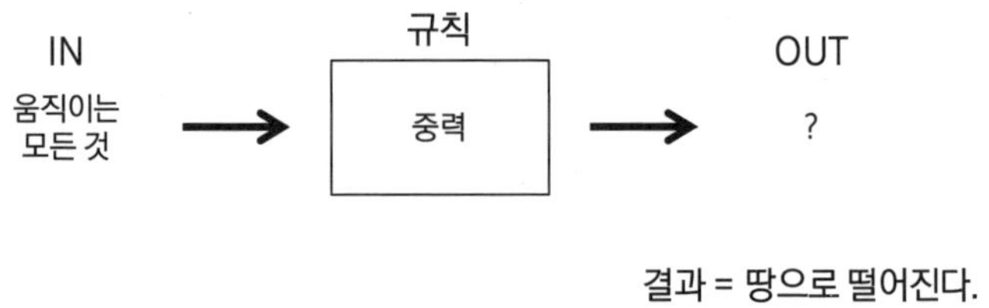

[그림 22] 연역 추론

E.1.3. 추정 [율리의 숙제 ③]

숙제고 뭐고, 율리는 이제 쉬고 싶었다. 그렇지만 아버지는 설명을 지금 마무리하지 않으면 (공부에도 후크(Hook) 법칙이 적용되어) 처음부터 다시 반복설명을 해야 하는 것을 알고 계셔서 율리의 마음을 몰라주기로 마음 먹었다.

"율리야, 이번에는 추정의 예를 생각해보자!"

어쩔 수 없다고 생각한 율리가 싹싹하게 대답했다.

"네, 좋아요!"

"모든 것을 땅으로 끌어당기는 중력이라는 규칙을 알면, 방금 땅에 떨어진 조약돌이 땅에 떨어지기 전에는 땅보다 높은 곳에 있었다고 짐작할 수 있다.(나아가서 스스로 움직일 수 없는 무생물인 조약돌은 누군가에 의해서 던져졌다는 것도 알 수 있다.) 그래서 조약돌이 던져졌다고 추정할 수가 있다. 추정이란 규칙과 결과를 알고 원인을 찾아내는 것이란다."

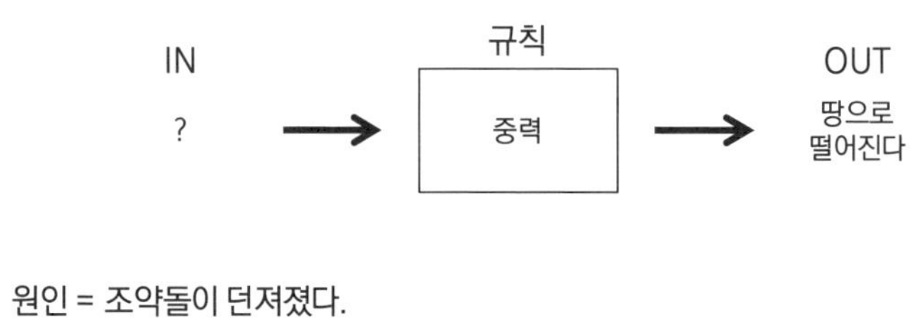

[그림 23] 조약돌의 추정

"마찬가지로 땅에 착지한 개구리와 중력 법칙을 가지고서,(스스로 움직일 수 있는 동물인 개구리가 땅보다 더 높은 위치로) 뛰어올랐다고 알 수 있는 것도 추정이다."

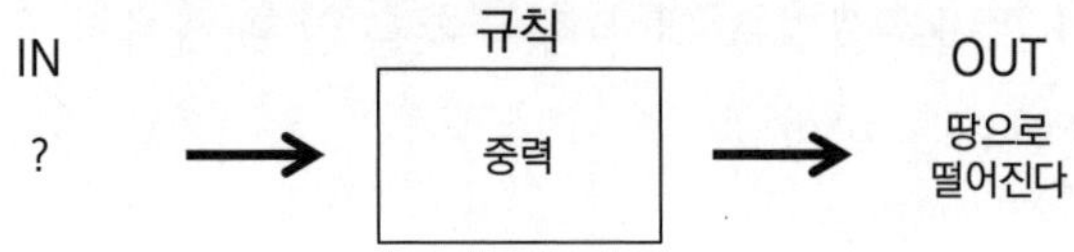

원인 = 개구리가 뛰어올랐다.

[그림 24] 개구리의 추정

"그리고 포도송이는 땅보다 더 높은 위치인 포도나무 가지에 있다가 (솎아져서) 땅에 던져졌다고 알 수 있는 것도 추정이겠네요?"

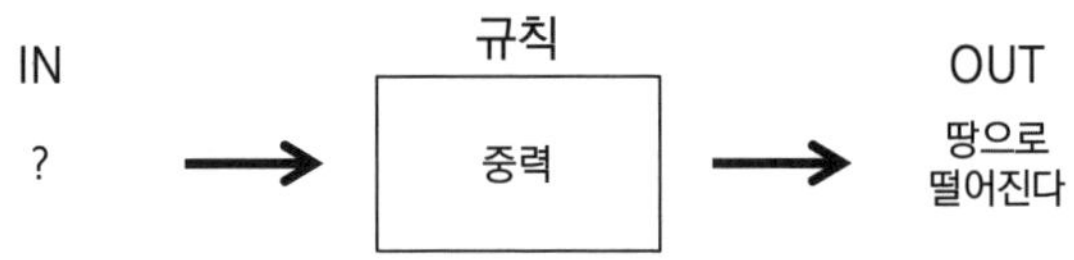

원인 = 포도를 던졌다.

[그림 25] 포도의 추정

"율리가 이제 귀납 추론, 연역 추론, 추정을 다 이해했구나!"

"아빠, 고마워요!"

"그럼 학습에도 적용되는 후크의 법칙이란 것을 알지? 귀납 추론, 연역 추론, 추정을 지금 노트에 정리해라!"

"아빠, 미워!"

[후크(Hook) 법칙]

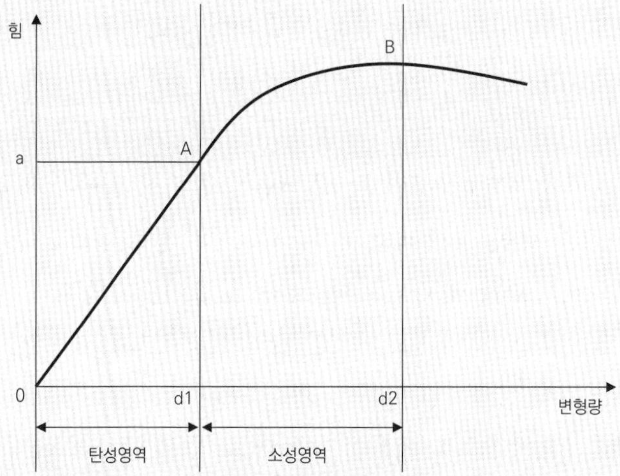

[그림 26] 후크 법칙

[그림 26]은 모든 물질(특히, 금속의 변형)에 적용되는 후크의 법칙을 단순하게 나타낸다. 세로축은 가해지는 힘을 나타내고, 가로축은 그 힘에 의한 형태의 변환(변형)을 나타낸다. 물체는 [그림 26]에서 보듯 받는 힘이 0이면 변형도 없다.

힘을 0에서 a만큼 가하면, 힘을 받는 물체는 0에서 d1까지 변한다. 이 영역에서 가해진 힘을 제거하면 변형은 사라지고 원래의 형상 위치인 0로 되돌아온다. 이것이 탄성변형이다.

탄성이란 힘을 받아 늘어지던 물체가 힘이 없어지면, 원래의 형상으로 되돌아오는 것을 말하는데, 고무줄을 생각하면 이해가 쉬워진다. 이러한 탄성변형은 일정한 어떤 크기를 넘어갈 힘을 받아야 원위치로 돌아가지 않는 영구변형을 하는데 이것을 소성이라고 한다.

힘이 a보다 커지면 변형이 더욱 늘지만, 들어가는 힘은 줄어든다. 그리고 형상의 변형이 고정된다. 이것을 소성변형이라고 한다. 그리고 더 중요한 것은 들어가는 힘은 아주 적어지고 변형은 고정되는 이 현상이 물질의 변형뿐 아니라 정신작용에도 그대로 적용되는 것이다.

학습의 예를 들면, 공부를 할 때 책을 마음먹고 읽어가면, 그 내용이 이해될 것 같은 순간이 온다. [그림 26]의 A에 접근한다. 그런데 묘하게도 바로 이때 대부분의 학생들은 궁둥이가 쑤신다. 그래서 일어나서 냉장고를 한 번 열고, TV를 슬쩍 한 번 보고, 다시 자리에 앉는다. 아직은 탄성범위기 때문에 공부를 멈추고 일어서는 그순간 학습위치는 좌표원점으로 되돌아가 있다. 그래서 안다고 생각하지만, 어항 속의 금붕어처럼 공부한 것을 말로 설명하지 못한다. 그런데 5% 정도의 학생들은 A의 위치에 왔을 때(내용을 알 것 같을 때), 그 내용을 정리해서 적어본다. 그때부터는 탄성영역을 넘어서고, 소성영역에 들어섰기에 들어가는 노력과 시간은 적지만 학습효과는 엄청나다.

이러한 후크 법칙의 효과는 연애, 정치, 사업 등의 모든 설득에 마찬가지 작용을 한다. "100번 찍어 안 넘어가는 나무 없다!"의 본래 의미는 "탄성변형을 넘어서도록 찍어라!"이다.

E.1.4. 연역 추론 [존속기간의 예측]

이 세상의 모든 것-생물이건, 무생물이건, 사회적 관계이건, 어떤 상황이건-은 존속기간이 있다. 달리 말해 시작과 끝이 있다. 어떤 위대한 건조물도 시작이 있고 끝이 있으며, 어떤 위대한 삶도 출생이 있고 사거가 있다. 또 다르게는 불변할 것처럼 느껴지는 감미로운 사랑도 시작이 있고 끝이 있으며, 영원할 것 같은 태평스러운 평화도 시작이 있고 그 끝이 있다.

우리들 인간은 눈부신 문명과 문화를 이루었다. 우리들 인간이 이룩한 문명과 문화는 두 눈이 나란히 배치되어 거리감을 갖고, 엄지손가락이 있어서 도구를 사용할 수 있고, 언어와 글자를 가져서 정보를 축적하고 전달할 수 있어서라고 하지만, 우리들 본성에 호기심이 없었다면 현재의 문명과 문화로의 도달은 불가능했을 것이다. 그러니까 호기심이 있어야 발전이 있다.

우리들의 호기심은 모든 방면을 향하고 있지만, 무언가의 존속기간에 대해서도 발동한다.

무엇인가의 존속기간에 대한 예측방법은 크게 두 가지로 구분 할 수 있다.

1) 안전진단 : 기능구조 분석을 통해서 예측한다.

2) 평범성 원리 : 시간에 관한 평범성 원리로 예측한다.

1)번은 대상이 자연물이고, 물리법칙의 작용에 의한 영향만 받는 경우이다.

2)번은 대상이 자연이건 인간이건 무관하지만, 존속기간의 끝이 대상을 관리하는 인간의 의사결정에 따를 때 적용된다.

1), 2)의 선택은 사용할 수 있는 정보의 질과 양에 의하며, 합리적 설득력은 ① ≫ ②의 순서로 배열된다.

이 문제를 [그림 27]로 나타내면,

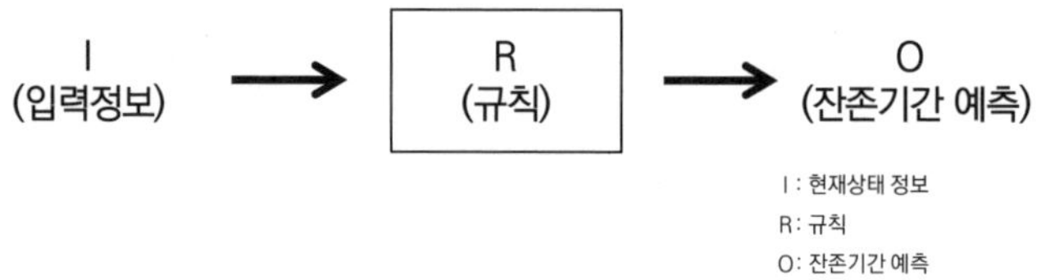

[그림 27] 존속기간의 예측

으로 된다.

1)의 안전진단 방법에서는 입력은 현재상태 정보가 되고, 규칙은 기능구조 조사가 되며, 출력은 잔존기간 예측이 된다.

2)의 평범성 원리 방법에서는 입력은 현존 기간과 확률이 되고, 규칙은 평범성 원리가 되며, 출력은 잔존기간이 된다.

1)과 2)는 서로 다른 규칙을 사용하기에, 규칙 1)과 2)의 설명을 앞세운다.

1) 기능구조에 대한 안전진단

대상의 기능구조를 구성하고, 전체기능과 부분기능들의 활성 정도와 부분기능들 사이의 충돌을 분석한다. 각각의 기능들의 활동수명을 예상한다. 전체기능의 존속수명은 가장 약한 부분기능의 존속수명이 결정한다.

존속기간을 예측하고 싶은 대상을 선정하면 :

① 대상을 명확히 정의한다.

• 정의 속에는 대상이 필히 지녀야 할 특성과 중요한 기능이 명시되고, 기능구조에 대한 제약조건이 들어가 있다.

② 대상의 정의에 명시된 주된 기능과 제약조건에 맞도록 기능구조를 [그림 28]과 같이 트리 구조의 그래프로 작성한다. 맨 위에 주된 필수기능이 자리 잡고, 그 아래에 필수기능 각각을 발현시키는 부분기능을 배속시키고, 부분기능 아래 단계에 세부기능조합을 구성한다. 세부기능 아래에는 하부기능 구조를 배치한다. 이러한 기능구조는 모듈 조합으로도 설명된다. 모듈을 시스템의 독립된 기능을 갖는 하부 단위라고 하면, [그림 28]의 기능구조는 계층별로 결합되는 모듈로도 나타낼 수 있다. 그리고 이러한 기능구조 조합의 비교에서 모듈화의 어려움도 잡혀진다. 모듈 단위의 결정과 그 단계(모듈화 단계)에서 합쳐지는 기능들의 충돌해소가 바로 모듈화의 최대 어려움이다.

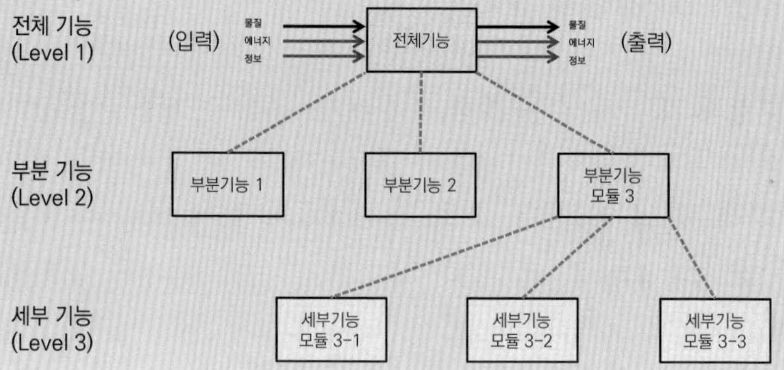

[그림 28] 안전진단을 위한 기능구조의 구성

③ 기능구조 조합도가 완성되면,

ⓐ 각각의 부분기능, 세부기능, 그리고 그 아래 단계의 기능들이

- 잘 작동하는지를 확인한다.
- 언제까지 작동할 수 있는지를 확인한다.

ⓑ 부분기능, 하부기능, 세부기능들이 작동하지 않거나, 곧 작동하지 않을 것 같을 때는

- 전체기능의 유지가 가능한지 확인한다.
- 교체나 수리로 전체기능의 유지가 가능한지 확인한다.

ⓒ 기능들이 서로 합쳐지는 기능구조 그래프의 접합점에서는 기능들 사이에 충돌문제가 발생하는 것이 일반적이다. 충돌은 어느 한 기능이 좋아지면, 다른 어느 기능이 나빠지게 된다.

따라서

- 어느 한 기능이 나빠져서 전체기능이 마비될 위험을 확인한다.
- 어느 한 기능이 지나치게 좋아져서 다른 어느 한 기능의 저하 요인이 되는지를 확인한다.

이러한 기능구조에 대한 안전진단 결과를 토대로 남아있는 기대수명을 예상할 수 있다.

배의 예를 들면, 배는 "부양성, 적재성, 이동성을 갖는 수상구조물"로 정의된다. 이 정의 속에 3개의 필수기능-부양성능, 적재성능, 이동성능-이 명시되고, 수상구조물이라는 조건이 들어있다. 먼저 [그림 29]의 배의 기능구조를 살펴보면,

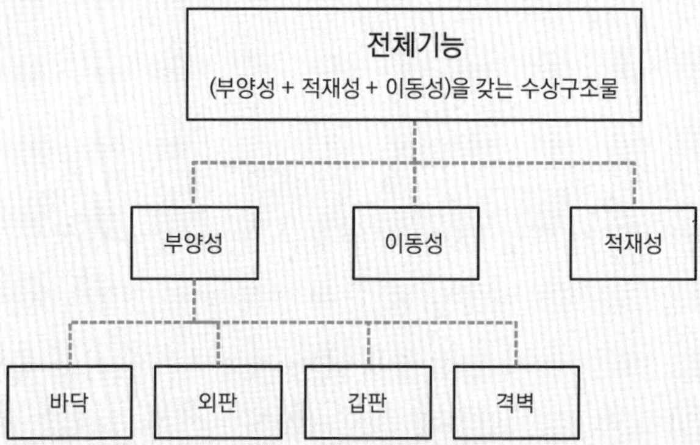

[그림 29] 배의 기능구조

배는 부양성능과 적재성능, 그리고 이동성능이 필수적인 주기능들이다. 같은 의미를 다르게 표현하면 부양성능이나, 적재성능이나, 이동성능 중에서 어느 하나라도 작동하지 않으면 더 이상 배가 아니라는 것이 된다. 그리고 부양성능은 외판과 뱃바닥과 갑판, 그리고 이들 사이에 설치된 격벽에 의해 유지된다.

그러므로 외판과 배의 바닥이 수압을 견딜 수 있는지를 확인하면서 부양성을 진단한다. 철판의 연간 평균 부식량을 근거로 외판과 갑판의 부식속도를 계산하고, 바다에서 받게 되는 반복적인 피로하중을

고려하여 부양성능의 안전진단을 진행한다.

적재성능과 이동성능에 대해서도 동일한 방식으로 하부기능구조에 대한 성능안전진단을 한다. 전체기능의 수명은 가장 취약한 부분의 기대수명으로 결정된다.

이들 기능구조 분석에 의한 안전진단은 우리가 병원에서 정기적으로 받게 되는 건강검진과 동일한 방식이다. 생명체에 필수적인 기능들을 신진대사와 자가복원이라고 할 때, 신진대사를 위해서는 산소공급과 영양공급이 필요하고, 이에 따라서 순환기능, 소화기능이 유기적으로 작동해야 한다. 기관지와 폐에서는 우리 몸 전체에 산소를 공급하고, 위와 대장, 소장은 영양분을 공급하며, 심장과 혈관은 산소와 영양소를 세포에 운송한다. 이들 중 어느 것이라도 제 기능을 멈추면 삶도 멈춘다. 이와 같은 방식의 기능구조 검사를 공학에서는 안전진단이라 부르고, 의학에서는 건강진단이라 부른다. 회사의 업무진단이나 국가의 국정진단도 마찬가지다. 어떤 시스템에도 기능구조를 따라서 조사하면 하부기능들이 모이는 접합점에서는 충돌이 있고, 모든 기능이 정상작동 하더라도 세부기능의 어딘가가 기능정지가 되면 전체 시스템이 위험해진다.

안전진단에서는
① 접합점에서의 충돌 체크
② 약한 기능의 조사
③ 비정상적으로 좋아진 기능의 조사
에 주목해야 한다.

[기능구조에 대한 안전진단 – 배의 부식]

『건조된 지 15년이 된 유조선이 있다. 기능구조에 따른 잔존 수명을 확인받고 싶다. 외판의 두께는 22mm이다. 해수에 노출된 철판의 부식속도는 0.12mm/year이다.

외판은 최소 21mm이상의 두께가 되어야 구조강도가 유지된다면, 이 배는 얼마나 더 안전하게 운항될 수 있을까?』

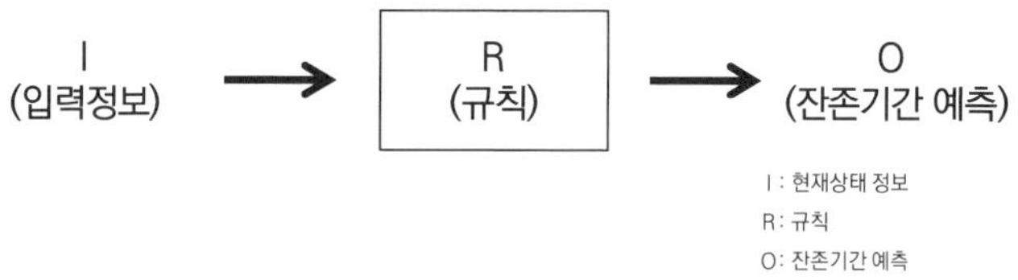

[그림 30] 존속기간의 예측

I = ① 현재 22mm

② 부식속도 0.12mm/year

③ 21mm 유지 필요

규칙 R = $22 - 0.12x \geq 21$

(현재 외판 두께 - 연간 부식량 × 기간 ≥ 최소허용 두께)

O = x year = 8.33년 ⇒ 8년

↷ 8년간 더 운항 가능

2) 평범성 원리에 의한 존속기간의 예측

이 예제에서 사용하는 것은 평범성 원리로서 코페르니쿠스의 지동설에서 출발한다. 코페르니쿠스는 태양계의 중심에 지구가 위치하고, 태양을 비롯한 행성들이 지구를 중심으로 움직인다는 종래의 천동설을 배격하였다. 그 대신 태양계의 중심에는 태양이 위치하고 지구를 포함하는 모든 행성들은 태양을 중심으로 움직인다는 지동설을 제시했다.

여기서 "중심으로"라는 말은 모호하다. 그래서 좌표원점이라고 바꾸면 보다 그 이해가 선명해진다. 그러니까 천동설은 태양계의 좌표원점에 지구가 있고, 지동설은 태양계의 좌표원점에 태양이 있다는 뜻이다. 그리고 "중심으로"라는 말은 "특별하고"의 의미이고, "중심이 아니고"는 "평범하다"는 의미가 된다. 그래서 천동설은 지구가 특별하고(그 지구에 살고 있는 인간도 특별하고), 지동설은 태양이 특별하고 지구는 평범한 행성들의 하나에 해당된다는 의미이다.

그러므로

중심으로 → 좌표원점 ↷ 특별, 중심 외 → 좌표원점 외 ↷ 평범이라는 뜻이다.

⇒ 좌표원점이 특별한 것은 원점에서는 작용거리가 zero이기 때문이다.

거리(r)가 zero면

작용력 $F \propto \dfrac{m \cdot M}{r^2}$ 에서 $r \to 0$ ↷ $F \to \infty$

작용거리가 zero면 작용력의 측정은 불가능해진다.
좌표원점이 아니면 작용력의 측정은 가능해진다.

이것을 다시 한번 걸러주면, "지구는 공간에서 (특별한) 태양을 중심으로 움직이는 (평범한) 행성이다!"라는 것이 지동설이다. 그러므로 코페르니쿠스의 지동설은 굉장한 함의를 갖는다. 공간에서의 평범성 원리를 말한 것이다.

평범성 원리란 우리 눈에 보이고, 귀에 들리고, 피부에 느껴지고, 코로 맡아지고, 가슴을 흔드는 오감의 관찰결과는 거의 대부분이 특별한 것이 아니다는 의미다. 익명으로 조사된 온갖 설문 조사와 비밀스런 상담의 분석도 평범성 원리의 확인이 그 요지다. 개인들이 자신만의 아주 특별한 경험이라고 감추는 것마저 옆집에서도 자신들만의 아주 특별한 경험이라고 감추는 평범한 것이라는 의미다. 그래서 사랑 타령의 노래가 많은 사람들의 개별적 공감을 얻고, 이별을 다룬 소설과 설레는 만남을 다룬 영화가 떼돈을 번다. 각자가 자기 자신이 특별하다고 느끼는 내밀한 경험을 거기서 공감하기 때문이다.

여기서 평범성 원리를 다시 한번 들여다보면, 공간에서의 평범성 원리는 코페르니쿠스가 알렸다. 그리고 시간에서의 평범성 원리를 독일의 베를린 장벽 앞에서 미국의 대학원생이던 Richard Gott이 생각했다. 시간에서의 평범성 원리란, 우리가 일상에서 관찰하는 대부분의 일들은 평범한 것이고, 특별한 것은 좌표원점이 될 수 있는 시작이나 끝이다라는 기가 막히게 평범하고 당연한 생각이었다.

1969년, 베를린 장벽 앞에 선 Richard Gott은 자본주의와 사회주의의 경계선을 눈으로 보는 아주 인상 깊은 특별한 경험을 했다. 그러나 베를린 장벽의 관점에서는 R. Gott이 어제나 그제나 별로 다를 바 없는 평범한 날의 평범한 관광객일 뿐이었다. 그리고 그날은 베를린 장벽이 건조된 지 8년이 지난 때였다. 그림으로 이것을 나타내면, [그림 31]로 된다.

여기서 우리가 알 수 있는 것들은

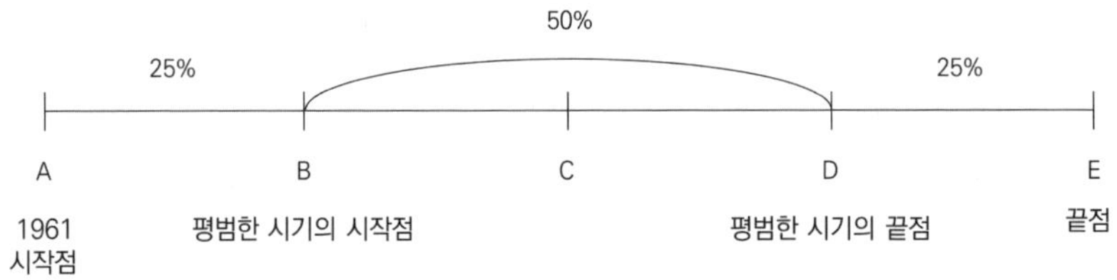

[그림 31] 평범성 원리에 의한 베를린 장벽 (평범한 시기에 속할 가능성 50%)

① 건조 시점 : A = 1961년

② 현재 : B = 1969(평범한 시기의 시작점),

또는 D = 1969(평범한 시기의 끝점)

③ 평범한 시기의 길이 : 현재가 평범한 시기에 속할 가능성 50%

현재가 평범한 시기에 속하지만 어딘지 모를 때는 평범한 시기의 시작점과 평범한 시기의 끝점을 찾아주면, 그 사이의 모든 시간적 위치가 포함된다.

그리고 평범성 원리는 단지 이 정도의 정보만으로 베를린 장벽이 언제 해체될 것인가를 예상할 수 있게 한다.

a) 장벽의 해체 시점(현재가 평범할 시기일 확률 50%)

(현재에서 E점까지의 시간)

Case A : 현재 시점이 평범한 시기의 시작점이면, 그림에서 점 B가 현재 시점이 된다.

$\overline{AB}$ = 8년, ↷ 남은 기간 $\overline{DE} = 3 \cdot \overline{AB}$ = 24년

Case B : 현재 시점이 평범한 시기의 끝이면, 그림에서 점 D가 현재 시점이 된다.

$\overline{AD}$ = 8년, ↷ 남은 기간 $\overline{DE} = \frac{1}{3} \cdot \overline{AD} = \frac{8}{3}$ 년

Case A + Case B : 장벽해체까지 남은 시간 T

$$\text{장벽 해체 시점 : } \frac{8}{3}\text{년} \le T \le 24\text{년}$$

⇒ (확률 50%이면, 현존기간 × $\frac{1}{3}$ ≤ T ≤ 현존기간 × 3) : 규칙 R_1

b) 장벽의 해체 시점(현재가 평범할 시기일 확률 95%)

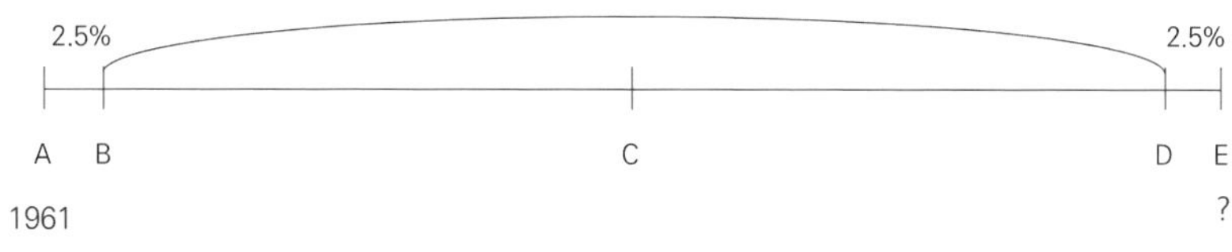

[그림 32] 평범성 원리에 의한 베를린 장벽 (현재가 평범한 시기에 속할 가능성 95%)

Case A : $\overline{AB}$ = 8년, ↷ $\overline{BE}$ = 39 • $\overline{AB}$ = 312년

Case B : $\overline{AD}$ = 8년, ↷ $\overline{BE} = \frac{1}{39} \cdot \overline{AD} = \frac{1}{39} \cdot 8 = 0.205$년

Case A + Case B : 0.205년 ≤ T ≤ 312년

⇒ (확률 95%이면, 현존기간 × $\frac{1}{39}$ ≤ T ≤ 현존기간 × 39) : 규칙 R_2

약간 긴 설명과 달리, 계산은 기가 막히게 간단하다. 그리고 베를린 장벽의 붕괴는 물리법칙에 따르는 자연적인 붕괴가 아니라 인간의 결정에 의한 해체이므로 지금이 평범한 시기에 해당될 확률값은 50%가 적절하다.

〈예제〉

[현재가 평범한 시기일 확률 50%로 평범성 원리에 의한 휴전선의 해체 시점을 계산하라.]

휴전선 설치 : 1953년

현재 시점 : 2018년

존속기간 : 2018 - 1953 = 65년

기대확률 : 50% → 규칙 R_1

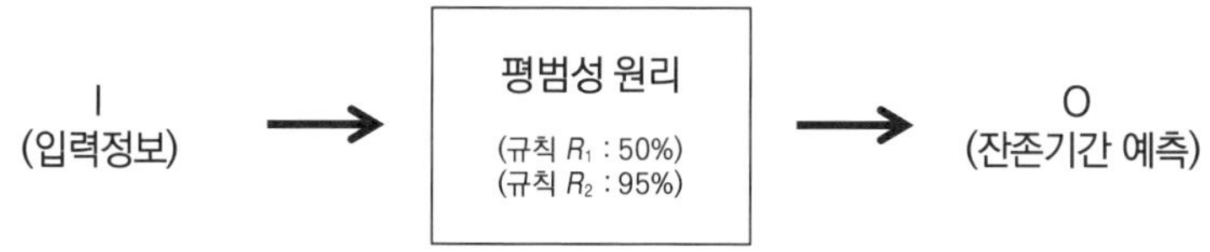

[그림 33] 평범성 원리에 의한 존속기간 예측

I : 현재까지 존속기간 = 65년

R : 확률에 따른 비례상수 값에 따름

O : 휴전선 해체 시점

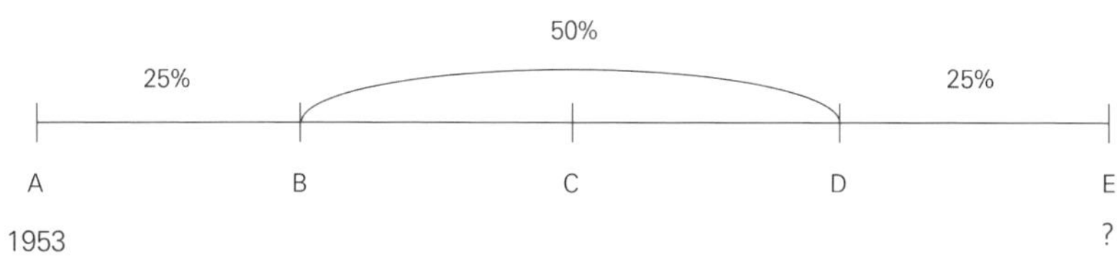

[그림 34] 평범성 원리에 의한 휴전선 존속기간(평범한 시기에 속할 가능성 50%)

현재가 평범한 시기의 시작이면 $\overline{AB} = 65$년

또는

현재가 평범한 시기의 끝이면 $\overline{AD} = 65$년

그러므로 두 가지 경우로 분리해서 생각하고, 결과를 합하면 된다.

경우 ① : 현재가 평범한 시기의 시작

$\overline{AB} = 65$년 ↷ $\overline{BE} = 3 \cdot \overline{AB} = 195$년

경우 ② : 현재가 평범한 시기의 끝

$\overline{AD} = 65$년, ↷ $\overline{BE} = \frac{1}{3} \cdot \overline{AD} = \frac{1}{3} \cdot 65 = 21.7$년

경우 ① + ② : 휴전선 해체 시점은 확률 50%로 21.7년에서 195년 사이가 된다.

계산은 간단하다. 너무 간단해서 전 세계의 학자들이 너무 엉성하다고 느끼고는 논리적 허점이 있을 것으로 생각했다. 그러나 논리적 틈이 없었다. 그렇지만 확률이 50%라면, 그게 어떤 의미인지가 아리송해진다.

공학이나 과학에서는 95% 이상의 확률에 대한 것만 의미를 갖지만, 사회적인 문제에서는 50% 확률로도 의미를 가지는 것 같다, 이는 공학이나 과학의 대상은 물리법칙만을 따르지만 사회적 대상은 본능(개체보존본능과 종족보존본능)을 따르기 때문인 것 같다. 50.000001%라도 100%처럼 행동으로 발화하기 때문일 것이다.

휴전선의 자연붕괴를 예측한다면, 95%의 확률로 자연법칙에 의한 부식과 마멸을 조사해야 한다. 그러나 인간의 (정치적) 결정이 장벽 해체를 결정한다면 50%의 확률이 의미를 갖는다. 그래도 뭔가 아쉽고 찜찜하면 확률 50%에서 95%까지 중에서 평범한 시기의 끝을 비교해 볼 수도 있다. 인간은 정치적 동물이어서 상황이 어떻게 전개될지 -언제라도 평범한 시기의 끝일 수가 있으므로- 알 수 없기 때문이다.

시간에서의 평범성 원리는 시작이나 끝(특별한 때)에서는 (평범한 시기가 아니므로) 적용될 수가 없다.

평범성 원리의 적용방향을 돌려, 교정에서 우연히 지나치는 캠퍼스 커플에게 서로 사귄 지 얼마나 되었는가를 물어보는 것만으로 두 사람의 남은 기간을 예상할 수 있다.

두 사람이 서로 사귄 지 10개월이 되었다면, 50% 확률로는 이 관계가 (사귄 기간 $\times \frac{1}{3}$) $\leq$ T $\leq$ (사귄 기간 $\times$ 3)되어 $\frac{10}{3}$개월에서 30개월 만큼 남았다고 예상해 볼 수가 있다.

E.1.5. 추정 [동생과의 인터뷰]

『소아청소년과 전문의인 동생을 만났다.

나는 다짜고짜 동생에게 짧은 인터뷰를 하겠다고 말했다.

"네게 환자가 왔을 때, 어떻게 환자를 대하는지 시간 순서대로 말해줄래?"

"맨 먼저, 환자 확인을 합니다. 성명-생년월일-보호자-주소 등등으로 본인 확인을 합니다.

그리고는 키, 몸무게, 체온, 혈압, 분당 맥박수 등의 기본 정보를 수집합니다.

그렇게 해서 환자를 대면하면,

어디가 아픈지?

어떻게 아픈지?

언제부터 아픈지?

식구 중에 가족력이 어떤지?

어떤 치료가 선행되었는지?

를 물어봅니다.

다음으로는 청진을 비롯한 이학적 검사라는 물리적인 소견 정보를 찾아봅니다. 그렇게 해서 기본 정보와 대면 정보, 그리고 이학적 정보를 토대로 의사의 소견을 내립니다. 그리고는 의사소견을 확인하기 위해서 필요한 검사를 합니다. 소변검사, 혈액검사, X-ray 검사 등등이 의사소견을 확인하기 위한 검사에 해당됩니다."

이것을 [그림 35]로 나타내면 :

[그림 35] 추정 – 의사의 검진

주어지는 것 : (기본 정보, 대면 정보, 이학적 정보) + (규칙 (*Rule*) 적용)

→ 찾는 것 : 병명

이 된다.

〈적용규칙〉

Ⓐ Rule in : 의사소견에 의한 병의 임상 증상이 환자에게 나타난 임상 증상과 합치되는 것들을 모아서 의사소견을 확인하는 규칙

Ⓑ Rule out : 의사소견에 의한 병의 임상 증상이 환자에게 나타난 임상 증상과 합치되지 않는 것들을 모아서 의사소견을 검증하는 규칙

Rule in과 Rule out의 방식은, [그림 36], [그림 37]에서 교집합으로 병명을 찾는 것과 동일하다.」

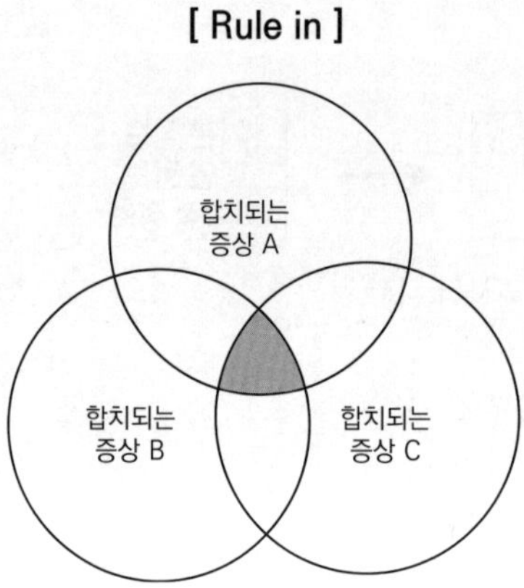

[그림 36] 의사소견으로 추정되는 병의 증상과 합치되는 증상

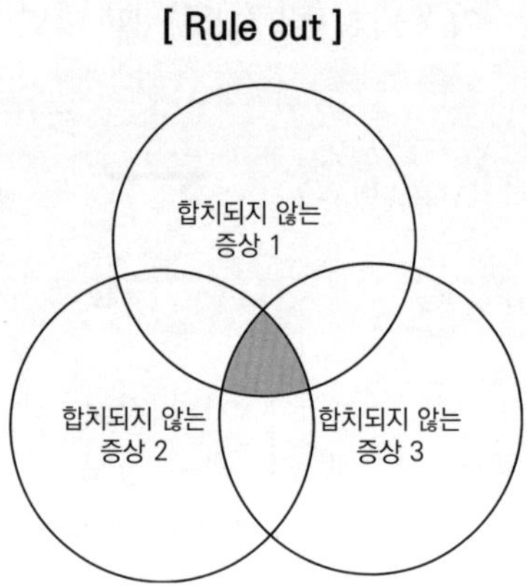

[그림 37] 의사소견으로 추정되는 병의 증상과 합치되지 않는 증상

Step 1. 문제 정의

현재상태 : 환자의 (기본 정보+대면 정보+이학정 정보)와 의사의 (소견)[규칙]이 있다.

목표상태 : 환자의 병명을 찾는다.

Step 2. 문제의 분석

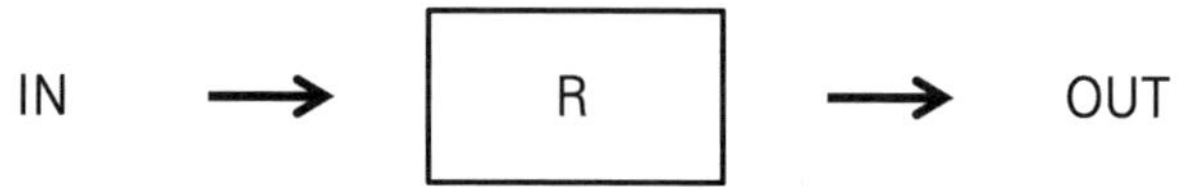

:: 주어지는 것 ::

- 기본 정보 : 성명, 생년월일, 보호자, 주소 등의 환자 본인확인, 키, 몸무게, 체온, 혈압, 맥박수
- 대면 정보 : 어디가, 어떻게, 언제부터, 가족력, 선행치료
- 이학적 정보 : 물리적인 소견

[관계규칙]

- 의사 : (축적된 전문지식과 임상경험을 토대로 하는 관계규칙)

  ⇒ 소견

  (Rule in + Rule out) 규칙으로 의사소견 검증

  → 이것은 IF~, THEN~의 규칙을 적용한 것으로, 의사소견으로 추정한 병에 따른 임상 반응과의 합치 여부를 따진다. 병명과 합치되는 임상적 증상을 가지고 목록을 만들어서, 이 목록의 공통적 요인을 귀납 추론으로 찾으면 병명이 얻어진다.

  귀납 추론은 (목록작성→개별적 특성 제거→공통특성의 정성적 표현)으로 실행된다.

:: 찾는 것 ::

[INPUT] : 병명

이것은

IN (?) → R → OUT

에서,

OUTPUT + R(관계규칙)이 주어지고, INPUT을 찾는 것이므로

→ 논리적 추론법의 추정에 해당된다.

Step 3. 문제의 간결화

현재상태 : 환자의 임상적 정보(기본 정보+대면 정보+이학적 정보)를 토대로 의사가 병명을 의사소견으로 추정한다.
(의사소견+[Rule in+Rule out])

목표상태 : 의사소견으로 추정한 병명을 확인했다.

Step 4. 의사소견의 확정

임상 정보(기본 정보+대면 정보+이학적 정보)를 근거로 병을 추정한 의사소견을 규칙 ⒶRule in과 ⒷRule out에 의해 검증한다.

의사소견을 확인하는 추가검사(X-ray, 혈액검사 등등)로 병명 확정

현재상태 : 병명 확정

→ 문제해결

이렇게 동생의 상세하고 반복된 설명을 듣고 나서

"실제로 너의 진료를 보고 싶다!"

는 나의 요청에 동생은 좋다고 허락했다.

간호사가 다음 환자를 불렀다.

"차제문!"

"네!"

"환자의 성명과 생년월일 그리고 보호자 성명과 주소를 말씀해 주세요!"

"차제문, 2018. 8. 28., 보호자는 차문도입니다" → 환자확인

"자아, 제문아, 어디가 아파?"

"애가 열이 나고, 기침을 하고, 축 늘어집니다."

"언제부터 그렇습니까?"

"어제저녁부터 그렇습니다."

"식구들 중에 같은 증상으로 아픈사람은 없습니까?" → 가족력확인

"없습니다."

"해열제나 기침약을 먹은 것이 있습니까?" → 선행치료확인

"없습니다."

"제문아, 옷 올려서 숨 쉬는 것 들어보자!" → 이학적 검사시작

동생은 마음속으로 감기-열감기-폐렴 대상으로 해당규칙에 의한 Rule in과 Rule out을 시작했다.

청진기로는 폐렴음이 들리지 않는다. 그러므로 폐렴음이 들리는가 하는 규칙1에서는 Rule out이 된다.

다음으로 열을 재었다. 38℃다. 고온의 기준인 39℃ 아래이므로 규칙2에서는 Rule out이다.

세번째로는 혈액검사인데 백혈구의 증가도 안전권에 속해서 규칙3의 백혈구 수치는 Rule out이다.

이학적검사는 감기와 열감기 그리고 폐렴 중에서 단순한 감기로 병명을 추정할 수 있게 한다.

"제문이는 그냥 감기입니다. 물을 자주 마시고 쉬게 하면 됩니다!"

이처럼 주어진 것은 열 나고, 기침 하고, 힘이 없는 증상에서 규칙은 폐렴을 39℃의 체온, 혈액검사의 염증세포수치 기준에서 Rule out이었다.

그래서 감기, 열감기, 폐렴 중에서 감기로 추정하고 이것에 맞는 처방을 내렸다.

E.1.6. 논리적 추론의 사례 비교

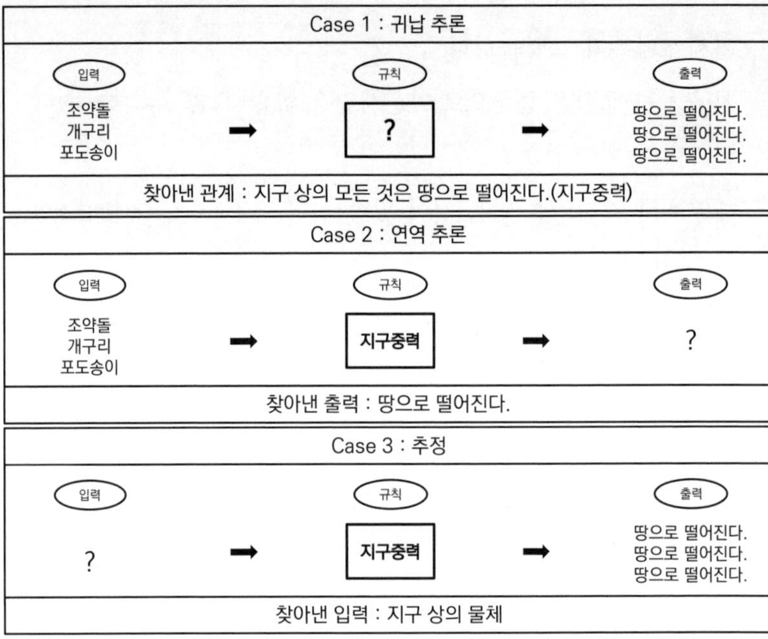

[그림 38] 논리적 추론의 사례 비교

예제에는 위의 3가지 예제 외에도 평범성 원리를 이용한 존속기간의 예측(연역 추론)과 소아과 의사인 동생과의 인터뷰(추정)가 있다. 평범성 원리는 베를린 장벽을 직접 보면서 살았던 적이 있기 때문에 마음이 끌렸고, 동생과의 대화는 병원에서 본 진단(추정)과정이 재미있었기 때문이다. 특히 Rule in, Rule out으로 추정의 검증을 하는 것이 흥미로웠다.

논리적 추론의 사례 비교는 율리의 숙제 ①. ②. ③으로 충분하다고 생각하여 나머지 두 개는 올리지 않는다.

E.2. 목표상태 디자인 그룹

E.2.1. 고유설계 [배의 설계]

문제해결에서 목표상태 디자인 방식은 중요하다. 목표상태 디자인 방법에 한 번 눈을 뜨면, 공학적 문제뿐 아니라 정치, 경제, 군사, 연애, 스포츠 등등 인간 삶의 모든 분야에 대한 문제에도 동시에 눈이 열려 득도의 경지에 도달할 수 있을 것이다.

그래서 연습문제를 다루기 전에 문제해결방식을 다시 정리해보기로 한다.

문제에 대한 중요한 제한과 정보들은 현재상태와 목표상태에 담겨있다.

① 목표상태가 지니는 목적을 어떻게 달성할지에 관한 질문에서 제약조건들을 얻어 낸다.
② 목표상태가 지녀야 할 요구사항들로 요구사항목록을 만든다.
③ 이들 요구사항 목록에서 개별적 대상의 개별적 특성이나 기능들을 버리고, 공통적인 특성이나 기능만을 모은다.
④ 이렇게 남겨진 요구사항 목록의 공통적 특성과 기능들을 정성적으로 나타낸다.
⑤ 목표상태의 기능들을 발현시키는 기능구조 설계를 한다.
⑥ 전체기능을 하부기능들로 분해하고, 부분기능들은 다시 세부기능들로 분해해서 이들 기능 사이의 유기적 결합을 구성한다.

⑦ 필수적 전체기능의 기능구조 구성이 최초로 제시되는 경우는 고유설계가 된다.

고유설계를 요약하면, 모든 목표상태는 필수적인 전체기능과 지켜야 할 제약을 가진다. 필수적인 제약 아래 발현시켜야 하는 전체기능들은 기능구조라고 부르는데, 부분기능과 부분기능을 이루는 세부기능들의 유기적인 묶음으로 구성된다. 우리가 고유설계라고 부르는 것은 전체기능을 발현시키는 기능구조가 새롭게 제시되는 설계다. 그러므로 설계 시에는 설계대상인 목표상태의 전체기능과 필수적 제약이 반드시 확인되어야 한다. 그런데 많은 경우가 목표상태의 전체기능과 필수적인 제약이 모호하다.

그럴 때는,

Ⓐ 목표상태가 지녀야 할 요구사항으로 목록을 만들고,

Ⓑ 목록에서 개별적 특성이나 기능을 제거하고,

Ⓒ 남겨진 공통특성이나 기능을 정성적으로 표현하면,

필수적인 전체기능과 제약이 나타난다.

『[배의 설계 - 고유설계] : 지구상에 배가 없다고 생각하고, 최초의 배를 개념적으로 설계해본다.

〈문제 정의〉

1) 현재상태

- 물에 떠서 사람과 화물을 운송하는 것이 없다.

2) 목표상태

- 물에 떠서 사람과 화물을 운송하는 것이 있다.』

① 물은 강도 있고, 호수도 있고, 바다도 있다. 강이나 호수를 건너는 통나무 배에서부터 대양을 건너는 대형선까지 생각되는 부유체를 나열해서 목록을 만든다.

② 목록에서 목표상태에 부합되는 특성만 남긴다.

③ 목표상태의 필요 기능으로

ⓐ 물에 뜰 수 있는 기능

ⓑ 사람이나 화물을 실을 수 있는 기능

ⓒ 출발 위치에서 목표 위치까지 움직일 수 있는 기능

의 세 가지가 얻어진다.

④ 공통적인 특성으로 개념화한다.

목표상태는 (물에 뜰 수 있는) '부양성' + (사람과 화물을 실을 수 있는) '적재성' + (출발지에서 목적지까지 움직일 수 있는) '이동성'

의 세 가지 기능을 동시에 갖는 수상구조물로 정의된다. 목표상태의 정의가 얻어지고, 이것은 배라고 부른다. (부양성은 [외판+바닥+갑판+격벽]으로 얻어지지만 여기서는 바닥+외판만을 나타냈다.)

⑤ 배의 요구기능은 (부양성+적재성+이동성)이므로, 이러한 전체 기능을 갖추는 기능구조 설계를 한다.

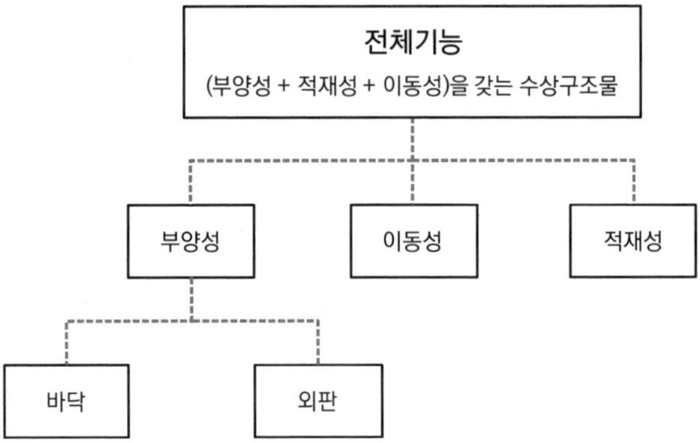

[그림 39] 배의 기능구조 구성

기능구조설계는 [그림 39]에서처럼 전체기능이 맨 위에 명시되고, 명시된 전체기능의 구현을 위한 부분기능과 세부기능들의 체계적 조합이 조직된다. 이러한 기능구조가 최초로 제시되면 고유설계가 된다.

E.2.2. 적응설계 [거북선]

『임진왜란이 발발하기 직전의 조선과 일본의 군사적 준비 상태는 서로 달랐다. 조선은 개국 이래의 문치(文治)와 평화로 인해 상무 정신과 국방에 대한 관심을 잃었으나, 일본은 100년에 걸친 전국시대의 결과로서 성능 좋은 조총과 잘 훈련된 병사들, 그리고 축적된 전술 경험을 가졌다.

조선의 이순신 장군은 양국의 군사적 대비태세를 파악하고, 일본 수군의 핵심전술이 조총의 사용과 상대 함선에 올라가 칼질을 하는 단병접전임을 파악했다.

여기서 함선설계의 두 가지 조건변경이 필요해진다.
조건1 : 조총의 살상력을 최소화시키는 선체구조
조건2 : 일본 수군의 단병접전에 대한 방호구조』

〈문제〉

현재상태 : 조선 수군의 주력함(판옥선)으로는 함선의 갑판 높이가 더 높은 일본 수군의 조총 사격과 단병접전 전술을 차단할 수 없다.

목표상태 : 주력함(판옥선)으로 일본 수군의 조총 사격과 단병접전 전술을 차단할 수 있게 한다.

〈문제분석〉

조선 수군의 주력함 : 판옥선(우리나라 서·남해의 환경조건에 맞춰서 개발된 밑바닥이 평편한 평저선으로 단단한 재질의 목재로 외판을 만들고 가룡목으로 외판을 가로질러 물의 압력을 지지하는 배)

〈설계요구조건〉

① 조총으로부터 승조원 보호

② 일본 수군의 승선 방지

〈설계 함선〉

설계조건 ①의 수용은, 판옥선의 갑판 위에 덮개를 씌우면, 승조원들이 조총의 살상력에서 보호된다.

설계조건 ②의 수용은, 판옥선의 갑판 위에 덮개를 씌우고, 칼·송곳 등의 날카로운 철물을 깔면, 일본 수군의 승선이 차단된다.

→ 선수에서 선미까지 갑판 전체를 덮개로 덮는 것은 기능구조를 (부양성+적재성+이동성)에서 (부양성+적재성+이동성)+(방호성)으로 바꾸는 것이 된다. 이것은 전체기능에서 방호성이 추가되고, 이에 맞춰서 기능구조를 개편하는 것이므로, 적응설계인 동시에 신기술이기도 하다.

판옥선의 갑판 위에 거북이 등껍질 같은 덮개를 장착하면 조총의 살상력에서 승조원이 보호되고, 덮개의 바깥에 일정 간격으로 송곳이나 칼을 세워서 장착하면 일본 군선에서 일본 전투병이 뛰어내리지 못하고, 배를 타고 오르지도 못해서 일본군의 장기인 단병접전이 원천 봉쇄된다.

거북선은 임진왜란 시 일본 수군을 공황상태로 몰아넣은 함선이었다. 거북선은 판옥선을 변경된 설계요구조건에 맞추어서 만들었기에 적응설계에 해당된다.

[선적응]

생물의 진화에서 과거의 환경에 적응했던 결과로 갖춰진 기능이 미래의 상황이나 환경에 미리 맞춰서 준비된 것처럼 유용한 것.

예를 들면, 현재 문명에서는 자동차나 비행기의 조종에서부터 맥주병을 따거나 TV 채널을 돌리는 것에 이르기까지 손으로 도구를 사용하는 것이 필수적이다. 그런데 손에서도 엄지손가락이 나머지 4개의 손가락과 서로 마주 보는 방향에서 작동하지 않으면, 대부분의 도구나 공구의 조작이 불가능해진다. 우리 손의 엄지는 오늘날의 문명사회에 맞춰서 신께서 미리 만들어주신 것처럼 유용하지만, 사실은 아득한 옛날에 우리 조상들이 나무 위에서 생활을 하는 동안 획득한 진화의 적응결과물이다.

거북선과 판옥선은 임진왜란에서 일본군과의 해전에서 선적응의 위력을 발휘했다. 조선의 함선은 밑바닥이 평평한 평저선이었고, 일본 함선은 평저선이 아니었다. 그런데 이것은 배의 선회 반경(배가 360°로 한 바퀴 도는데 필요한 반지름)에 차이를 준다. 일본 배가 한 바퀴 도는 데는 더 큰 반지름이 필요했는데 비해서, 조선의 함선은 거의 제자리에서 한 바퀴를 돌 수 있었다. 이것은 그 당시 해전에서는 아주 큰 전투력의 향상으로 작용했다. 요컨대 판옥선과 거북선은 임진왜란의 해전에 선적응을 하고 있었다. 선적응을 할 수 있었던 원인은 우리 해역에서 해전이 전개되었기 때문이다. 그래서 생물계의 텃세라는 것이 선적응의 다른 표현인 것을 느낀다.

E.2.3. 변형설계 [거북선의 변형설계]

『적응설계를 바탕으로 기하학적 배치를 조정하여 필요로 하는 기능을 보다 효율적으로 만드는 것은 변형설계가 된다.

거북선은 판옥선을 바탕으로 덮개를 씌워서 만들 수 있었다. 이것은 판옥선(고유설계)에 대한 두 가지 새로운 요구조건

① 해전 시의 조총이 갖는 살상력에 대한 승조원의 보호,

② 단병접전에 능한 일본군의 승선방지

이 수용된 것이니 적응설계가 된다.

판옥선의 적응설계로 탄생한 거북선이 실전에 투입되면서,

① 조총의 살상력 무력화

② 적병의 승선 차단

이 성공적으로 작동했다. 그런데 해전에서는 거북선으로 일본함선을 충파시켜 30cm반경의 구멍을 내어서 침몰시키거나 전투불능상태로 몰았다는 기록이 있다. 그렇게 거북선을 일본함선에 충돌시켜 파괴(충파)하려면 거북선의 용머리 아래에 있는 청동제 충각(Bulbous bow)을 사용한다. 그럴 때 충각 위의 용머리는 거추장스럽고 불편할 수가 있다.

그리고 거북선 덮개에 설치된 칼과 송곳 사이로 보행로가 있으면, 수리나 보수유지를 하는데 훨씬 안전하고, 편리해진다.

판옥선 위에

ⓐ 덮개를 했다. → 거북선

ⓑ 덮개에 날카로운 쇠붙이를 깔았다. → 거북선

ⓒ 거북선의 용머리를 뒤로 밀어서 충각의 효과를 강화시킨다.
→ 거북선의 변형설계

ⓓ 거북선 덮개에 보행로를 만들면 보수유지가 쉬워진다.
→ 거북선의 변형설계」

거북선의 용머리 위치를 적선 충파 시에 방해물이 되지 않도록 하고, 거북선 덮개의 보수유지가 쉽도록 해야 할 필요가 있다.

Step 1. 문제 정의

현재상태 : ① 적선의 충파 시에 용머리가 불편하다.
② 거북선 덮개의 보수유지가 위험하고 힘들다.

목표상태 : 적선의 충파 시에 용머리가 걸리지 않고,
거북선 덮개의 보수유지가 쉽고 편하다.

Step 2. 조건 ①의 구현

용머리를 상하와 전후로 이동시킬 수 있도록 기하학적 조정을 한다.

Step 3. 조건 ②의 구현

거북선 덮개에 보행로를 만든다.

Step 4. 충파와 선내작업에 가장 안전하고 효율적일 수 있게 덮개 높이를 조정하고 보행로 폭을 결정한다.

현재상태 : 조건 ①+② 구현

현재상태 → 목표상태

→ 문제해결

동서양의 수많은 인물들이 있지만, 한니발만큼 시간과 공간을 넘어서서 마음을 흔드는 사람도 없다. 그런데 임진왜란의 기록을 읽으면서 엉뚱하게 조선과 일본의 양군이 제네바 협약을 앞당겨 준수했던 것을 알았다. 두 나라 해군은 생물무기에는 손도 대지 않았다. 임진왜란에서 겨울에는 해전이 없었다. 그것은 함선에 난방장치가 없어서 겨울 바다의 추위를 감당할 수 없었기 때문이다. 그러니 해전에서 독사단지를 사용하는데 계절적 어려움은 없었을 것이다. 그에 비해서 한니발은 알프스를 넘어와서 코끼리를 전투에 썼고, 황소횃불작전에서는 소들을 공격무기로 썼으며, 페르가몬의 왕인 에우메네스와의 해전에서는 독사를 넣은 단지를 적선에 던졌다.

임진왜란 때는 독사도 단지도 쉽게 구할 수 있었을 것인데, 양국의 해군은 제네바 협약을 앞당겨 철저히 준수했다. 그 대신 평화로운 이 시대에 부산의 극장에서는 자루에 담아가서 풀어놓은 뱀 때문에 영화 보던 관객들이 기겁을 하고 도망간 사건이 있었다. 뱀 자루를 극장에서 풀었던 그 사람은 시대를 잘못 타고 나왔다. 450년 전에 태어났더라면 뱀 자루 아이디어 하나만으로도 임진왜란 해전사에 또 다른 진기록을 올렸을 것이다.

E.2.4. 직접관리법 [엔지니어링에서 CEO의 관리]

『문제의 분류에서 목표상태 디자인의 경우는 그 대상이 자연인지 인간인지를 확인한다.

만약 그 대상이 인간이면, 대상을 관리할 수 있는지를 판단한다. 그렇게 해서 대상이 인간이고, 관리가 가능하면 직접관리법으로 목표상태에 도달한다.

직접관리법의 예는 군대에서나 계층적 구조를 갖는 기업에서 일상적으로 관찰할 수 있다.

어느 기업의 CEO가 어떤 제품을 생산할 것인지를 결정하고 이에 소요되는 소재의 확보에 대한 결정을 했다. 이러한 전략적 결정에 따라서 그 기업은 최적의 생산을 위한 엔지니어링(Engineering)을 해야 한다.

엔지니어링이 (생산설비+소재+정보+에너지+인력)의 구성 또는 조합이라면, 제품생산에 투입될 기술 인력과 기능 인력은 가용인력 중에서 가장 적절하고 적합한 사람들을 선별해서 투입해야 한다. 이들 인력들은 CEO의 계획을 실현시키는 CEO의 직접관리 대상자들이 된다.』

[CEO의 문제]

〈문제정의〉

현재상태 : 제품의 생산을 위한 엔지니어링에서, 투입되는 인력의 선별이 필요하다.

목표상태 : 선정된 인력은 최적의 엔지니어링을 위해서 CEO의 의사결정을 실현시켜야한다.

〈문제해결〉

계층적 구조를 갖는 조직에서는 상위직에 있는 사람(결정권자)은 하위에 있는 사람에 대해 조직적인 관리 권한을 갖는다. CEO는 최고 의사결정자로서 조직에 속한 모든 사람들을 직접 관리할 수 있다. 제품생산을 위한 엔지니어링에서, 필요인력을 선별하고, 선별된 인력에 대해 각자의 업무를 할당해서 부과하고 직간접으로 관리한다. 전형적인 직접관리다.

E.2.5. 직접관리법 [신년하례]

아마도 이웃 나라의 이야기인 듯하다. 실화였는지는 밀어두고, 이야기의 구성과 내용이 시사하는 것이 분명해서 예제로 쓴다.

도요토미 히데요시가 영주들을 불러서 신년하례를 했다.

신년하례에서는 큰 대접에 따뜻한 찻물을 담아서 차례로 돌아가면서 조금씩 마시는 것이 있었다. 그런데 영주들 중에는 문둥병자가 있었다. 그러나 자격이 영주여서 식에 참석은 권리이자 의무였다.

참가 영주들은 세 그룹으로 나눠졌다.

① 문둥이 영주보다 먼저 찻물을 마시는 그룹 :
"아무 걱정 없이 좋은 구경 해야지!"

② 문둥이 영주 이후에 찻물을 마셔야 하는 그룹 :
"찜찜하고, 찝찝하네!"

③ 문둥이 영주 본인 :
"죽고 싶어도 죽을 수 없고, 살아도 사는 게 아니네!"

신년하례는 정확한 시각에 정확히 진행되었다.

히데요시가 첫 한 모금을 마시고 대접을 넘기자 시동들이 대접을 조심스레 옮겨서 문둥이 영주까지 탈 없이 마셨다. 그리고는 문둥이 영주 바로 다음으로 옮겨가는데,

"잠깐!"

하는 히데요시의 말이 들렸고, 그 소리에 그렇지 않아도 뭔가를 기다리던 분위기는 긴장으로 얼어붙었다.

이어서 히데요시의 말이 이어졌다.

"찻물이 식었을 테니, 더운물을 보충해라!"

그렇게 찻물에 뜨거운 물이 더해지고 나자,

"이리로 가져와라."

"새 물을 부었으니, 다시 나부터 시작한다."

그리고는 시동이 가져온 찻물을 한 모금 마시고는 문둥이 영주 다음 차례로 대접을 보내어 식이 이어졌다.

히데요시의 문제는 문둥이 영주 뒷자리의 영주들이 가지게 될 찜찜함을 풀어주는 것이 1차적 목적이고, 문둥이 영주의 면구스러움을 풀어주는 것이 2차적 목적이 된다.

히데요시는 모든 영주들이 관리 가능한 대상이라는 것을 바탕으로 미끼사용원칙을 구사했다.

Step 1. **문제정의**

현재상태 : 문둥이 영주 이후의 영주들은 찜찜해하고,
문둥이 영주는 면구스러워한다.

목표상태 : 문둥이 영주 이후의 영주들은 찜찜해하지 않고,
문둥이 영주는 면구스러워하지 않는다.

해결책은 단 하나, 히데요시가 문둥이 영주 바로 다음에 찻물을 마시면 된다.

그런데 히데요시가 아주 솔직하게 "자네들이 찜찜해하고, 한 명은 면구스러워하니 내가 마셔서 그것을 풀어주겠다."고 한다면, 뒷자리 영주들은 더 찜찜해지고, 문둥이 영주는 같이 죽자고 나설지도 모른다. 그러니 명분이 좋아야 한다.

Step 2. **문제정의 : 명분 아래 문둥이 영주 바로 다음 차례에 차를 마셔야 한다.**

현재상태 : 마시지 않았다.

목표상태 : 명분을 내세워 마신다.

Step 3. **미끼사용원칙**

밑밥깔기 : "잠깐!" (모두 긴장해서 이목이 집중된다.)

압박 : "물이 식었으니, 더운물을 보충해라!"

(모두가 영문을 모르는 중에 시동이 더운물을 보충한다.)

강요 : "이리로 가져와라."

챔질 : "새 물을 부었으니, 다시 나부터 마시기 시작해야한다."

새로운 현재상태 : 명분을 내세워 문둥이 영주 다음으로 찻물을 마셨다.

원래의 목표상태 : 명분을 내세워 문둥이 영주 다음으로 찻물을 마신다.

현재상태 : 다른 영주들의 찜찜함을 풀어주고, 문둥이 영주의 면구스러움도 없어졌다.

목표상태 : 다른 영주들의 찜찜함을 풀어주고, 문둥이 영주의 면
　　　　　구스러움도 없어졌다.

→ 문제해결

대상이 인간이고, 관리가 가능한 경우라도 어떻게 관리하느냐에 따라 등에 칼을 맞을 수도, 등에 업힐 수도 있다. 인간은 각자가 세계의 중심이기 때문이다. 명분은 모두가 수긍하는 규칙으로 된 것이라야 한다.

"새 물을 부었으니, 나부터 마시기 시작해야 한다!"

자신의 의도적이고 자의적인 결정인데도, 형식은 어디서 나온 것인지 출처불명이지만 모두가 지켜야 하는 공통규칙을 따르는 것으로 했다. 이 얼마나 인간심리파악에 세밀한 사람인가!

⇒ 이 문제는 목표상태 디자인에 해당된다. 목표상태 디자인 중에서 대상이 인간이고, 관리 가능한 대상이어서 직접관리법에 해당된다. 그런데 직접관리가 가능하다해도 미끼사용원칙이 다시 나타나 마치 전가의 보도처럼 문제를 해결한다. 여기서 반복된 의문이 솟는다. 미끼사용원칙이 전혀 다른 문제형식이나 상이한 상황에서도 일관된 작용력을 보여주는 이유는 무엇일까?

그토록 전 방위로 유용한 이유는 우리가 갖는 개체보존본능과 종족보존본능 때문이다. 미끼사용원칙은 우리가 갖는 두 가지 기본본능에 강력히 호소하는 전술이고, 생물학적 적응을 거친 본능에 작동하는 효과 때문이다. 그래서 지금뿐 아니라 앞으로도 아득한 미래까지 미끼사용원칙은 문제해결의 중심 원리가 될 것이다!

E.2.6. 게임 [레욱트라(Leuctra) 전투]

『펠레폰네소스 전쟁의 승리로 스파르타는 그리스 도시국가들에 대한 패권(물질, 에너지, 정보의 통제권)을 행사하고 있었다.

이에 반발하여 그리스 도시국가 테베는 에파미논다스(Epaminondas)의 지휘 아래 기원전 371년 그리스 반도의 레욱트라에서 스파르타군과 싸웠다.

스파르타는 중 장갑 보병을 밀집대형으로 편성하여 무적의 전투력을 자랑하고 있었다.

스파르타 보병은 오른손에 창을 잡고, 왼손에는 청동을 입힌 나무 방패를 들고 포진한다. 서로 밀집된 대형을 이루면 자신의 방패와 자신의 오른편에 선 병사의 방패 뒤에서 엄호받을 수 있게 된다. 이렇게 8열로 만들어진 밀집대형은 강력한 돌파력과 방어력을 갖게 된다.

그리고 전투 진행과 동시에 전체대형이 오른쪽으로 움직인다. 그래서 밀집대형의 오른쪽에 강한 병사들을 배치했다. 그러니까 서로가 자신의 무게중심인 우익으로 상대의 좌익을 파괴하는 것이 전투의 기본전술이었다.

레욱트라에서는 스파르타군이 11000명이었고, 테베군이 6000명이었다.

병사의 수는 테베군이 스파르타군의 절반으로 테베군의 전투력은 란체스터 계산에 따르면 스파르타군의 1/4이 된다.

중장갑 보병의 전투에서는 상대방의 우익에 의해서 자신들의 좌익이 돌파되면:

① 자신들의 공격력이 흩어진다.

② 상대방의 우익이 자신들의 뒤를 돌아서 공격한다.

는 것까지는 서로가 잘 아는 내용이었다.

여기서 에파미논다스의 문제를 검토하자.

문제 :

현재상태 : 스파르타군의 우세한 군사력이 존재한다.

목표상태 : 스파르타군의 우세한 군사력이 존재하지 않는다.

문제분석(스파르타 입장)

① 스파르타군이 2배로 병력 수가 많다.(강점)

② 스파르타군은 중장갑 밀집대형이다.(강점)

③ 스파르타군의 파괴력은 우익에 집중되어 있다.
(강점인 동시에 약점)

④ 스파르타의 우익이 테베군의 좌익을 파괴하면 테베군이 패전한다.(강점)

⑤ 스파르타군과 테베군의 본대가 접전하면 테베군이 불리하다.
(강점)

⑥ 스파르타군은 기동이 느리다.(약점)

⑦ 스파르타군은 밀집대형이 무너지면 전투력도 소실된다.(약점)

⑧ 스파르타군이 테베군의 좌익을 돌파하면 테베군을 포위한다.
(강점)

이렇게 문제분석으로 스파르타의 강점, 약점을 정리할 수 있다. 이러한 분석에서 테베군을 지휘하는 에파미논다스는 스파르타군이 테베군에 대해서 행사할 수 있는 유해요소 두 가지를 찾아내었다.

유해요소 1은 스파르타군의 강력한 우익이다.

스파르타군의 우익이 테베군 좌익을 깨면, 테베군의 패전이다.

유해요소 2는 스파르타군의 좌익이다.

스파르타군의 좌익이 테베군의 우익과 접촉하면, 스파르타군의 질과 양에서의 우세로 인해 테베군의 우익이 무너지면서 포위된다.

유해요소 1에서의 대처는 아주아주 강력한 테베군 좌익의 편성이다. 그래서 좌익의 종심을 깊게 하여 대응한다.

유해요소 2에서의 대처는 의도적인 거리두기다. 스파르타군을 움직이게 할 수 없으므로 테베군은 스파르타 좌익과 접촉하지 않도록 거리를 둔다.

유해요소 대응의 1과 2를 합치니 테베군의 전투대형을 경사진 사선으로 만드는 [그림 40]과 같은 전투대형이 나타난다.

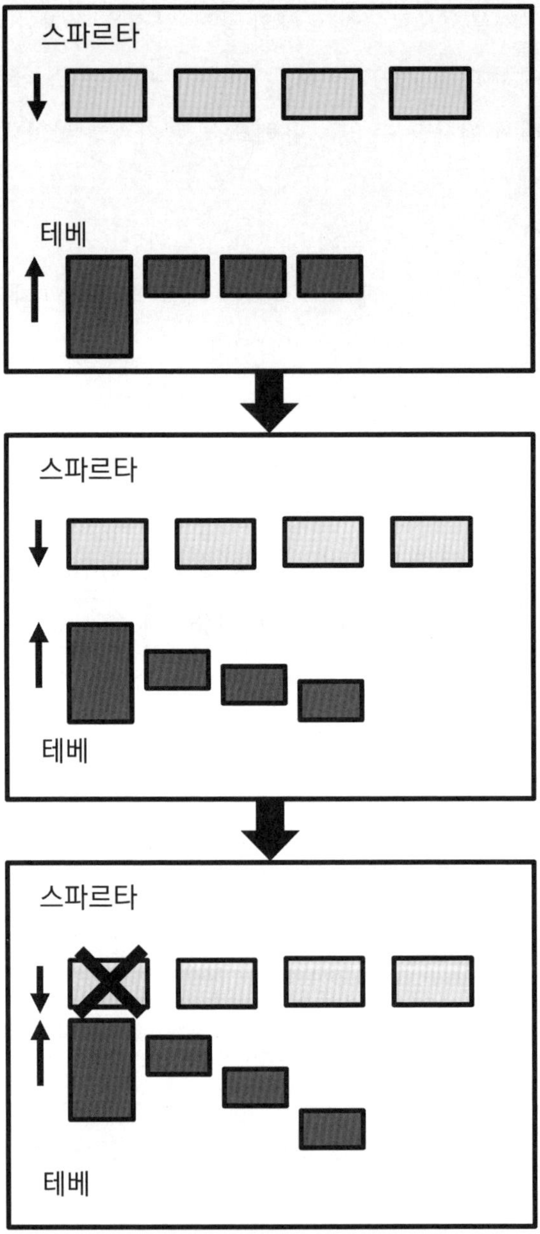

[그림 40] 레욱트라 전투 전개도

테베군의 사선 대형은 스파르타의 우익 공격을 막기 위해서 좌익이 강화되어야 한다. 그래서 좌익은 8열에서 6배나 더 늘려 48열로 종심을 깊게 했다. 그리고 테베군의 좌익은 전투접촉점에서부터 본대를 사선으로 길게 늘어서 스파르타군과 의도적인 거리두기를 한다.

스파르타군은 중장갑 보병이어서 둔하고, 밀집대열이 흩어지면 전투력이 사라지기 때문에 테베의 사선 대열을 쫓아오지 못한다.

전투는 무적을 자랑하던 스파르타군의 무게중심인 우익이 돌파되면서 테베군의 승리로 마무리되었다. 이러한 창의적인 발상은 찾아낸 유해요소를 그림으로 표현했기 때문에 그 대책을 찾는 것이 가능했다고 판단된다. 문제해결에 도움이 되는 발상을 창의적인 생각이라고 할 때, 생각이나 상황이나 상태를 그림으로 나타내 보는 것이 말할 수 없이 중요하다고 느낀다. 」

E.2.7. 게임 [미인조달]

『중국의 전국시대 장의(張儀)는 여러 나라를 떠돌다가 초나라로 갔으나 반기는 사람이 없어 몰골이 말이 아니었다.

그 무렵, 초나라에서는 남후(南后)라는 초회왕(楚懷王)의 왕후와 정수(鄭袖)라는 총희가 왕의 사랑을 함께 나누고 있었다.

장의가 왕을 만났으나, 왕은 반가워하는 기색이 전혀 없었다.

장의는 짐짓 이렇게 말을 걸었다.

"전하께선 제게 대해 별로 시키실 일이 없으신 모양이오니, 북쪽으로나 가서 진(秦)나라 왕을 만나 뵐까 합니다."

왕은 심드렁하게 대꾸했다.

"그것도 좋겠지요."(내가 황소라면, 너는 내 뿔에 앉았다가 날아가겠다는 각다귀다!)

"혹시 진나라에 무엇인가 바라고 계신 것은 없으신지요?"

"초나라에는 황금도 구슬도 코뿔소의 뿔도 상아도 다 나고 있기 때문에 별로 진나라에서 얻었으면 하는 것은 없소."(귀찮다. 각다귀야!)

"그러고 보니 대왕께선 미인도 그리 좋아하시는 편이 아니신 모양이군요?"

"그건 무슨 소리요?"(어라? 어떻게 갑자기 각다귀가 경쟁력 있는 Agent로 보이지?)

"진나라로 가는 길목의 정나라와 주나라 여자들이 단장을 하고 거리에 서 있으면 어찌나 그 모습이 아름다운지, 모르는 사람들은 선녀가 아닌가 착각을 할 정도라서 드리는 말씀입니다."

"초나라는 변방이라, 아직 그토록 아름다운 중원(中原) 여자를 본 일이 없소, 그런 미인을 만난다면야 난들 좋지 않을 리가 없지요."(각다귀가 삐치거나, 각다귀를 놓치면 내 삶이 무채색이 되겠네!")

그래서 구미가 동한 왕은 장의에게 노자와 보석을 왕창 주었다.

남후와 정수는 장의가 미인을 구해서 왕에게 바친다는 소문을 듣자 되게 놀랐다.

남후는 사람을 장의에게 보내,

"장군께서 진나라로 가신다는 말씀을 듣고, 마침 황금 천근이 있기에 가시는 동안 노자에 보태 쓰시라고 드립니다."(당근을 받을래? 매를 받을래? 네가 알아서 선택해라!)

하고 전하게 하고, 정수는 또 정수대로 황금 오백 근을 장의에게 선사했다.

장의는 왕에게 하직 인사를 하러 가서 은근히 청했다.

"천하에는 관문들이 굳게 닫혀있는지라, 언제쯤 다시 뵙게 될지 알 수가 없습니다. 대왕으로부터 하직의 술잔을 받고 싶습니다."

왕도 선선히 이에 응낙했다.

"그래. 그럽시다."

그리하여 왕은 장의에게 환송연을 열어 술을 내려주었다.

장의는 술을 마시던 도중, 일어나 두 번 절한 다음 이런 말을 했다.

"여기는 다른 사람이 있는 것도 아니오니, 대왕께서 사랑하시는 부인들을 부르시와 저로 하여금 잔을 올리게 해주십시오."

그 말에, 왕은 남후와 정수를 불러 잔을 들게 했다.

그러자 장의는 다시 두 번 절을 하고 나서,

"저는 대왕께 큰 죄를 지었습니다."

하고 말했다.

왕이 깜짝 놀라 물었다.

"그게 무슨 말이오?"

장의는 시치미를 뚝 떼고 이렇게 대답했다.

"저는 천하를 두루 돌아다니고 있습니다만, 지금까지 이토록 아름다운 두 분을 뵈온 적은 없습니다. 저는 그런 줄도 모르고 미인을 구해 오겠다고 말씀을 드렸습니다. 이것은 대왕을 속인 것이나 다름이 없습니다."

그러자 왕은 손뼉을 치며 좋아했다.

"조금도 미안하게 생각할 것 없소. 나도 처음부터 세상에서 이 두 사람을 따를 사람이 없을 줄로 알고 있었으니까."』

1) 미인조달 문제

① 현재상태 :

미인을 왕에게 데려와서도 안 되고, 안 데려와서도 안 된다.

(데려오면 왕은 만족하나, 남후와 정수의 원한을 감당할 길이 없다.

안 데려오면 왕의 분노를 감당할 길이 없다.)

② 목표상태 : 미인을 데려오지 않아도 된다.

2) 미인조달 문제의 분석

미인조달 문제는 두 개의 문제가 연동되어 서로 얽혀있다.

첫 번째 문제는 장의 스스로가 나서서 왕에게 선녀 같은 미인 이야기를 하는 것으로 발생한다. 기막히게 아름다운 미녀를 데리고 와야 하는 것이 약속이고, 선금까지 받았다.

첫 번째 문제를 정의하면:

현재상태 : 미인을 데려와야 한다.

목표상태 : 미인을 데려온다.

이 문제는 받은 돈을 적당히 써서 미인을 데려오거나, 현대적 표현으로 "먹튀"가 되어 초나라 국경 안으로 들어서지만 않으면 된다. 문제해결은 쉽다. 받은 돈에서 적당한 미인을 구해오거나, 돈만 떼어먹고 초나라 국경 안으로는 안 들어서기로 하면 된다.

두 번째 문제는 미인을 데려온다는 소문에 질겁한 남후와 정수가 거금을 보내어 미인을 데려오는 위험한 일을 멈추라고 부탁형식의 경고를 하는 데서 발생한다. 장의가 남후와 정수가 찔러주는 돈을 받지 않으면 두 번째 문제는 구성되지 않는다. 그러나 두 여자가 보통이 아닌 초특급 거물들임을 궁중 암투의 최종적 동반 승자로서 증명했고, 치밀한 정보망으로 실시간 정보를 관리하는 모습에서나, 여비에 보태 달라는 신선한 명목으로 거금을 찔러주는 솜씨로도 알려주는 것이 있다. 돈을 안 받으면, 언제 어디서 그 다음날 아침에 그냥 못 일어나거나, 어느 산길에서 노상강도나 산적을 만나게 될지 모른다는 것이다. 아니, 100% 그런 일을 당하고, 또 당하게 될 것이 확실하다는 것이다. 그렇다고 찔러주는 그 돈을 덜렁 받으면 난감한 문제에 갇히게 된다. 그래도 장의는 두 거물이 보내는 돈을 받았다. 그리고 그 순간 복합적 조건의 문제가 성립되었다.

첫 번째 문제와 연동된 두 번째 문제를 정의하면:
현재상태 : 미인을 데려와서도 안 되고, 안 데려와도 안 된다.
목표상태 : 미인을 데려오지 않아도 된다.

이 문제의 열쇠는 왕이다. 문제의 배경분석을 할 것도 없이, 남자의 분노와 여자의 원한 중 어느 것이 더 겁나는가는 아득한 옛날부터 정답이 정해져 있다. 여자는 원한의 대상, 특히 애정의 경쟁자나 경쟁자의 후원자에게는 용서도 자비도 없다. 그러므로 미녀 없이 맨손으로 와서 차라리 왕에게 당하는 것이 낫지, 미녀를 데려오면서 남후와 정수에게 이해해달라고 빌면 두 여자의 귀에는 "다시는 또 그럴게, 한 번만 용서해주세요!"로 들린다. 따라서 살 길은 두 여자 거물이 준 돈이 더 위험하다는 것을 명심하는 데 있고, 미녀를 안 데려오는 것만이 살아날 길이라는 것을 잊지 않는 데 있다. 그러므로 두 문제의 열쇠는 미녀 없이 맨손으로 올 수 있게 왕을 설득하는 것이 된다. 그리고 왕을 설득하기 위해 미끼사용원칙을 적용한다.

미끼사용 순서	미끼사용 내용
밑밥깔기	선녀같은 미인 조달을 하기 위해 출발한다.
압박	"대왕으로부터 하직의 술잔을 받고 싶습니다." (송별연이 없으면, 돈만 먹고 튀겠다.)
강요	"부인들(남후와 정수)을 부르시와 저로 하여금 잔을 올리게 해 주십시오." (데려올 미녀의 기준을 정하고 싶다.)
챔질	남후와 정수를 곁에 두고 초왕의 자존심을 만족시킴 (선녀같은 절세미인이 벌써 초왕 곁에 있다.)

[그림 41] 미끼사용원칙에 의한 초왕 설득

ⓐ 밑밥깔기

왕의 거의 유일한 관심 분야인 미인에 관한 이야기를 흘려서 왕으로부터 미녀를 데려오는 비용으로 거액을 챙긴다. 이 상황에서는 왕의 돈을 먹고 튀거나, 아니면 새로운 미인을 한 명 조달해 주면 만사 OK이다. 그런데 이때 장의가 데려온다는 중원의 미녀에 불안감을 느낀 남후와 정수가 거금을 보내오면서 새로운 미녀를 데려와서는 안 된다는 조건이 추가된다. 그래서 미녀를 데려오면서 소개료를 먹는 정도의 문제랄 수도 없는 문제에서 미녀를 데려와서도 안 되고, 안 데려와서도 안 되는 문제다운 문제로 문제가 전환된다.

이렇게 바뀐 문제에서는 서로 충돌하는 두 가지 요구조건이 동시에 작용한다. 미녀를 데려오면 남후와 정수가 눈에 쌍심지를 켜고 덤빌 것이고, 미녀를 데려오지 않으면 할 일 없이 미녀만 기다리다가 실망한 왕이 어떻게 나올지를 예상해 보는 것만으로도 겁나고 무섭다.

좌우간 양편에서 돈을 챙긴 이런 상황에서는 공자님 말씀처럼 "위험한 담장 아래 서 있지 않는다."는 게 최우선이다. 그러므로 가능한 한 재빨리 초나라를 떠나야 한다. 왕은 남후와 정수가 긴 손을 뻗어서 장의의 옆구리에 찔러 넣은 것이 있다는 것을 모른다. 그러므로 미인조달을 청탁받은 장의가 소위 말하는 갑이고, 왕이 심리적으로 을이 된다. 표현을 바꾸면 심리적 주도권을 장의가 쥐고 있고, 그래서 밑밥을 다시 던질 수가 있다.(밑밥은 상대방이 바라는 것이거나, 바라는 것과 관련이 분명해야 한다.)

그리고 이번의 밑밥은 "미인조달을 위해 길을 떠나는데 선금을 떼어먹을 수도 있다!"는 암시가 된다. 그래서 왕에게 "천하에는 관문이 많아 언제 돌아올지 모르니 송별연을 해 달라."고 한다. 한순간에 선금 주고 뺨 맞는 상황에 몰려서 을로 변한 왕은 길 떠나기 전에 왕을 뵙고 싶다는 장의의 청을 거절하지 못한다.

ⓑ 압박

장의가 왕을 만나서 "대왕으로부터 하직의 술잔을 받고 싶습니다."까지는 정무가 바빠서 미안하다고 쉽게 거절해도 되는 수준의 요청이다. 그러나 "천하에는 관문들이 굳게 닫혀있는지라 언제쯤 다시 대왕을 뵙게 될지 알 수 없습니다."라는 말이 앞에 붙으면, 대접이

소홀하면 안 오는 수가 있다는 압박이고 위협이 된다. 그러므로 거금을 투자하고 미인을 기다리는 왕으로서는 투자한 본전에 비하면 적은 +α인 송별연을 해주지 않을 수 없다.

ⓒ 강요

장의는 송별연에서 느닷없이 왕에게 남후와 정수를 불러주면 술을 올리겠다고 하는데, 이것은 두 가지 의미를 나타낸다.

첫째는, 미인에 대한 왕의 안목을 알아두겠다는 간접적 표현이다. 어떤 취향을 갖고, 어떤 모양의 미인을 좋아하는지를 알고 떠나겠다는 의미다.

두 번째는, 미인의 기준으로, 데려와야 하는 미인은 최소한 남후와 정수보다는 더 아름다워야 한다는 평가 기준의 확인 의미가 있다. 그러므로 슬쩍 지나가듯 한 장의의 이 요청은 왕에게는 절대로 거절할 수가 없는 강요가 된다. 왕이 남후와 정수를 송별연에 불러달라는 장의의 요청을 받아들인 것은 ① 왕의 미녀에 대한 안목 확인, ② 남후와 정수를 평가 잣대로 삼아서 데려올 미인의 최소기준(문턱 수준) 확인에 대한 동의였다. 그리고 ①+②의 근거 외에도 남후와 정수의 미모에 대한 왕의 자랑과 자만도 깔려있었다. 헤로도토스가 쓴 "역사"의 크로이소스 이야기에서도 자신의 아내에 대한 자랑과 자만심 때문에 왕국과 목숨을 뺏긴 칸타올레스의 안타까운 이야기가 아름다운 아내를 가진 남자들의 과시욕을 엄숙하게 경고하고 있다. 초왕도 남후와 정수의 아름다움을 장의에게 과시하고픈 의도가 분명 있었다.

ⓓ 챔질

남후와 정수를 직접 불러와서 대면하자 절묘한 한 마디로 (미인을 데려와야 하면서 데려와서는 안 되는) 충돌문제를 일거에 해결한다.

"저는 천하를 두루 돌아다니고 있습니다만, 지금까지 이토록 아름다운 두 분을 뵌 적은 없습니다. 저는 그런 줄도 모르고 미인을 구해오겠다고 말씀을 드렸습니다. 이것은 대왕을 속인 것이나 다름이 없습니다."

이것은 선녀 뺨치는 미인을 데려오지 않았지만 왕 옆에 두 선녀가 이미 와있고, 두 선녀를 보니 더 아름다운 미녀를 데려올 수가 없겠다. 그러면서 두 미녀를 우군으로 삼아서 왕에게 무언의 압력을 가하고, 동시에 빈손의 왕에게는 자존심의 충족이라는 것으로 빈손을 가득 채우는 것이다.

왕에게는 실제 미인을 데려오지 않았지만, 이 세상에서 그 어떤 누구와도 비견할 바 없이 아름다운 남후와 정수가 왕 옆에 있으니 왕에게는 세상에서 가장 아름다운 미인 두 명이 곁에 와 있는 것이고(미녀를 데려온 것과 같고), 남후와 정수에게는 데리고 온 미녀가 실제로 없으니 미녀를 데려오지 말라는 요구조건을 깨끗이 충족시켰다.

그러자 남후와 정수의 압박을 의식하면서도 자존심이 살아난 왕이 문제해결의 최종선언을 해준다.

"조금도 미안하게 생각할 것 없소. 나도 처음부터 세상에서 이 두 사람을 따를 사람이 없을 줄로 알고 있었으니까."

여기서 우리는 조금 더 재미있는 생각을 해보게 된다. 초왕이 진짜로 손뼉을 치며 좋아하는 얼간이 등급보다, 약간 더 높은 등급이었다면, 손뼉을 치며 기뻐하면서도 마음속으로는 (두 눈 멀쩡히 뜨고 거금을 털리면서 이렇게 오버액션으로 기뻐하게 만들다니! 두고 보자!) 했을 것이다. 그러나 회왕이라는 시호를 보니, 진짜로 기뻐했을 인물이었을 것 같다. 장의도 초회왕이 만약에 초장왕이었다면, 상대를 미리 알아보고, 등치고 거기다 물까지 먹일 엄두를 감히 내지 못했을 것이다.

3) 문제해결 순서와 해결원리

ⓐ 충돌 발생

장의가 왕이 미녀를 데려오라고 찔러준 돈과 남후와 정수가 노자에 보태라면서 건네준 거금을 받는 순간 단순했던 문제가 복잡하게 변했다. 이 세상사에서는 돈이 오면, 그것에 딸려서 조건도 함께 온다.

장의가 왕의 돈을 받았을 때는 돈과 함께 미인조달의 조건만 붙어왔고, 조건이 하나인 문제는 해결도 단순한 게 일반적이다. 그런데 남후와 정수가 돈을 보낼 때는 그 돈에 묻혀서 어떤 미인이라도 데려와서는 안 된다는 조건이 딸려왔다.

그런데 왕의 조건과 남후와 정수의 조건은 서로 충돌한다. 다시 말해, 미인을 데려와야 하는 조건에 미인을 데려와서는 안 된다는 조건이 추가되어 어느 한 조건을 만족시키려면 다른 한 조건에 어긋나게 된다. 그러므로 이것을 해결하려면 "미인을 데려와야 한다."와 "미인을 데려와서는 안 된다."의 서로 상충하는 조건에서 나타난 충돌을 "미인을 데려오면서도 데려오지 않아야 한다!"는 충돌의 수용으로 해결해야만 한다.

ⓑ 충돌의 수용

"미인을 데려오면서도 데려와서는 안 된다."라는 것이 문제다. 좌우간 장의는 선녀 같은 미녀를 데려와야 하지만 동시에 절대로 데려와서는 안 되는, 입장이 곤란한 처지에 빠졌다. 그리고 반드시 이 문제를 해결해야한다.

ⓒ 분리의 법칙

충돌의 해결에는 많은 경우 분리의 원칙을 적용하면 풀린다. 분리에는 시간분리, 공간분리, 상황분리 등등의 경우에 따른 분리가 있을 수 있지만 여기서는 상황에 따른 조건 분리가 적합하다. 그런데 두 가지 조건 중에서 절대적으로 지켜야 할 우선적 조건이 있다.

남자의 분노보다 여자의 원한이 더 무섭다는 걸 안다면 남후와 정수가 초왕보다 더 무섭다는 걸 장의도 생각했을 것이 분명하다. 그러므로 미녀를 데려와서는 절대로 안 된다. 그리고 미녀를 데려오지 않겠다면 그걸로 조건 하나는 충족되었다. 나머지 조건은 미녀를 데려오는 것인데 선녀 같은 미인을 멀리 중원에서가 아니라 바로 여기 초나라에서 그것도 궁 안에서 찾았다고 한다면 미녀를 데려올 필요가 없어진다. 그리고 이 방안은 실제로 미인을 찾아볼 필요도 없게 만들어준다. 어렵게 표현하면 기회비용 zero인 최선책이다. 그저 몇 마디 말로 공치사만 해서 왕의 자만심을 만족시킬 수만 있으면 된다.

그런데 여기에는 필수적인 추가조건이 있다. 왕의 자만심을 만족시키는 효과를 극대화 할 무대장치가 필요한 것이다. 그 무대장치는 남후와 정수가 선녀 같은 미녀라는 장의의 말을 두 선녀가 왕 곁에서 같이 듣는 것이다. 그래서 장의는 왕에게 남후와 정수에게 술을 올리고 싶다고 요청했던 것이다.

그리고 여기서 왕과 두 거물 여자 사이의 역학관계가 암시된다.

남후와 정수는 왕의 총애를 받고 있어서 왕이 갑이고, 두 여자가 을로 보이는 상황이지만, 속사정은 그 반대로 초왕이 두 여자의 눈치를 보아야 하는 형편이라는 것이다. 그렇지 않다면 초왕이 문제해결의 종결선언을 할 때, 그렇게 오버액션을 할 필요가 없다. 돈만 털리고 기대하던 미녀는 구경도 못 하는데도 짜증 없이 그렇게 기뻐한다는 게 뭔가 설명이 필요한 것 같지 않은가? 그뿐 아니라 장의가 선녀 같은 미녀 이야기를 흘리자마자 미끼를 덥석 물었다는 것은 그 자리가 두 여자의 감시망 밖이고, 새 미녀의 구경을 한지 아득하다는 것을 반증한다. 좌우간 두 여자가 삐치면, 초왕은 편한 잠은 꿈도 꿀 수 없는 제압당한 王甲이었다. 그리고 이런 상황을 간파한 장의가 두 여자를 한사코 초왕 곁에 모셔와서 그 위력을 빌린 것이다. 남후와 정수는 진정한 실력자였다.

그렇다면 이 모든 해결책을 장의는 언제 생각했을까? 모든 정황은 정확하게 한 시점 —남후와 정수가 돈을 보냈을 때—을 가리킨다. 장의는 그 돈을 받기 전에 짧지만 깊게 이 문제의 목표상태가 복잡하게 바뀌게 된다는 것을 깨닫고 고민했을 것이다. 그리고 바뀌는 목표상태에 대한 해결책과 해결순서를 구상하고 난 뒤에 남후와 정수가 보내온 신선한 돈을 받았던 게 분명하다. 그러므로 이 문제는 (목표상태 디자인의 게임)에도 해당되고, (충돌문제 해소법)에도 해당된다. 그뿐 아니라, 목표상태를 현재상태로 끌고 와서 일거에 문제를 해결한 경우이기도 하다.

[돈의 기능]

남후와 정수가 찔러준 돈은 미녀를 데려와서는 안 된다는 조건을 받아들이게 한다. 돈은 어떤 기능을 가질까?

① 직접기능 : 교환능력

이 세상 모든 사람이 시대와 지역, 인종, 나이와 상관없이 첫걸음을 떼는 애기 때부터 돈을 좋아한다. 그래서 돈에 관한 속담도 많고, 심지어는 저세상에서도 쓸모가 있다고 동양에서는 지전을 태우기도 하고, 서양에서는 동전을 입에 물리기도 한다.

우리가 무엇을 산다고 할 때는 "산다."는 말이 돈의 기능을 바로 못 보게 하는 측면이 있다. 돈으로 무엇을 살 때, 돈과 어떤 무엇을 서로 바꾼다고 생각하면 돈의 기능이 피부에 와 닿는다.

예를 들어, 내가 방금 책방에서 "문제"라는 제목의 책을 만 원에 샀다. 그 책을 들고 100m쯤 걷다가 우연히 오랜 친구를 길에서 만났다. 그래서 옆에 있는 커피점에서 커피 두 잔을 시키고, 커피 두 잔 값으로 방금 산 책을 내밀었다. 기적이 일어나 커피값으로 책을 받아주는 경우도 있을 수 있지만, 대부분은 "이게 뭡니까?"와 함께 소중한 만 원짜리 책이 제 대접을 못 받고 퇴짜 맞는 걸 보게 될 것이다.

커피 두 잔과 책을 교환하지 않겠다는 것이고, 책이 커피 두 잔과 교환능력이 없다는 의미다. 그런데 돈은 커피뿐 아니라 극장, 야구장, 축구장, 이발소, 목욕탕 어디에서나 환영받는다. 돈이 그토록 무제한-무조건적인 환영을 받는 이유는 이 세상의 모든 재화, 서비스, 아이디어와 교환능력이 있기 때문이다. 그래서 러시아 속담에 "황금망치는 쇠문을 부순다!"고 하고, 우리 속담에는 "돈만 있으면 처녀 불알도 산다!"는 거친 표현으로 돈의 교환능력에 불가능이 없다고 강조한다.

② 간접기능 : 기능들의 간접비교 능력(기능평가 능력)

충돌문제에서 가장 난감한 부분은 기술적 기능들의 직접비교가 불가능한 점이다. 이것은 배의 전체기능인 부양성+적재성+이동성이 마치 축구의 손흥민과 야구의 추신수와 씨름의 이만기를 비교하려는 것과 같다. 이것은 물리학의 기본차원인 (길이-질량-시간)의 비교가 불가한 것과 같다. 그런데 이들 직접비교가 불가능한 물리적 작용을 돈으로 환산하여 간접비교를 할 수가 있다. 그러므로 돈의 진정한 능력이 기능들의 간접비교에서 나타난다.

직접비교가 불가능한 모든 기능이나 능력의 비교를 돈의 가치로 환산해서 비교하면 가치평가가 가능해진다. 그래서 결혼 상대자의 평가에 연봉이나 연간수입액이 빠지는 법이 없다. 연봉은 실질적 소득액이기도 하고, 총체적 능력의 현재가치이기도 하기 때문이다.

설명이 없는 미끼에 대해서도 생각해 보자.

[미끼선정원칙]

마음속에 여전히 남아있는 의문이 있다. 미끼를 무엇으로 할 것인지를 어떻게 결정하는가? 이에 대한 보조적 원리는 "미인조달 문제"의 도입부에서 장의가 초왕에게 사용하는 방식 그대로다. 여기 옮겨놓고 분석한다. ( ) 속은 미끼를 결정한 장의의 속마음을 나타낸다.

장의 : "혹시 진나라에 무엇인가 바라고 계신 것은 없으신지요?"
(있다면 Rule in이고, 없다는 것은 Rule out이다, "진나라"는 객관적 입장의 공급처를 가상으로 만들어 본 것이다.)

사람에게 무엇인가를 권유할 때는 허구의 핑계라도 만드는 것이 좋은데, 사람은 세계 좌표의 원점을 자신에게 두고 있으므로 언제라도 자기중심적이고 이기적일 수 있다. 이러한 이기심에는 책임회피도 한몫한다. 그러므로 허구의 규칙이나 명분이나 핑계를 만들어주면 심리적 책임회피를 할 수 있어서 쉽게 결심한다. 여기서 "진나라"는 장의 자신을 객관화시킨 허구의 핑계다.

초왕 : "초나라에는 황금도 구슬도 코뿔소의 뿔도 상아도 다 나고 있기 때문에 별로 진나라에서 얻었으면 하는 것은 없소."
(Rule out을 하는구나. 그러나 끝까지 미인에 대해서는 초왕의 언급이 없네. 그럴 줄 알았다. 확실하게 찔러보자.)

장의 : "그러고 보니 대왕께선 미인도 그리 좋아하시는 편이 아니신 모양이군요?"
→ "미인"으로 찔러보기를 한다.(제발 입질을 해다오!)

초왕 : "그건 무슨 소리요?" (입질이 왔다! 그건 네가 입질하는 소리란다.)

↷미끼는 미인이다!

미끼선정의 순서는 :

Step ① : 잠재적 미끼 목록을 작성하고, 여기세 해당되는 Rule in, 또는 해당되지 않는 Rule out의 대조로 미끼 후보의 사전 조사

Step ② : 대상으로부터 Rule in 정보, 또는 Rule out 정보 끌어내기

Step ③ : Rule in과 Rule out의 대조(①과 ②의 대조)로 미끼 후보 압축

Step ④ : 압축된 후보로 찔러보기

Step ⑤ : 미끼 확정

E.2.8. 게임 [맹상군의 출생일]

『중국 전국시대의 제나라에 전영은 40명이 넘는 아들이 있었다. 그 중에 첩이 낳은 문(文)이란 이름의 아들이 있었다. 문은 5월 5일에 태어났다. 전영이 문의 어미에게 "거두어 기르지 말라!"고 했다. 그렇지만 그 어미가 몰래 문을 길렀다. 이를 알게 된 전영이 노하여 "내가 이 애를 버리라고 했을 텐데 감히 기르다니 왜 그랬는가?"라고 했다.

문이 아비 전영을 만나 묻기를 "왜 저를 버리라고 하셨습니까?"하자 "5월 5일에 났기 때문이다."했다.

문이 묻기를, "5월 5일에 태어난 자식을 기르지 못하게 한 것은 무슨 까닭입니까?"라고 했다. 전영은 "단오에 태어난 아들의 키가 문설주와 같아지면, 양기가 그 아비를 압도하기 때문이다."라고 했다.

문은 "사람이 그 명을 하늘에서 받고 태어납니까? 아니면 문설주에게서 받습니까?"라고 했다. 전영이 대답을 못 하고 있자 문이, "하늘에서 받는 것이라면 무엇을 걱정하십니까? 문설주에게서 받는 것이라면 그 문설주를 높이면 될 일이니 누가 그 높이를 따를 수 있겠습니까?"라고 했다. 전영은 "됐다."라고 했다.』

이것은 전형적인 목표상태 디자인의 게임 문제다.

맹상군은 부친인 전영이 아들로 인정하지도 않았고, 어머니의 신분도 미천하며, 남자 형제가 40명이 넘었기에 속된 말로 아들로 인정을 받아도 별 볼 일 없는 형편일 게 분명했다. 그리고 부친과의 첫 대면은 그대로 마지막이 될 가능성이 높은 위기의 순간이었다.

〈문제〉

현재상태 : 전영에게 아들로 인정받지 못하고 있다.

목표상태 : 전영에게 아들로 인정받는다.

Step 1 : 부친인 전영을 대면해서 자신을 내버리라고 했던 것을 꼬투리 삼았다.

그러면서 상황주도를 위해 미끼사용원칙을 대화에 적용했다.

Step 2 : **밑밥깔기**

"5월 5일에 태어난 자식을 기르지 못하게 하신 것은 무슨 까닭입니까?"

→ "단오에 태어난 아들의 키가 문설주와 같아지면 아비를 압도하기 때문이다."(아들의 인정 여부에 관한 문제화에 성공!)

Step 3 : **압박**

"사람은 그 수명을 하늘에서 받고 태어납니까? 아니면 문설주에게서 받습니까?"

→ 묵묵부답. (그러나 "이게 바보냐, 인물이냐?" 호기심 폭발!)

Step 4 : **강요**

이어서 전문이 전영에게,

"수명을 하늘에서 받는 것이라면 (5월 5일생 아들과는 무관한데)

무엇을 걱정하십니까? 문설주에게서 (수명을) 받는 것이라면, 그 문설주를 높이면 될 테니

(5월 5일생 아들과는 무관하게) 누가 그 높이를 따르겠습니까?"

Step 5 : **챔질**

전영이 "됐다!"라고 했다.

(아들로 인정하고, 명석함도 인정한다는 의미)

Step 6 : **문제해결**

현재상태 : 전영에게 아들로 인정받는다.

목표상태 : 전영에게 아들로 인정받는다.

동양에서는 홀수(1, 3, 5, 7, 9, …)를 양수로, 짝수(2, 4, 6, 8, 10, …)를 음수로 친다. 그래서 1월 1일(설날), 3월 3일, 5월 5일, 7월 7일, 9월 9일은 양기가 강한 날이어서 그날 태어난 아이는 양기가 넘친다고 믿었다. 그런 아들이 키가 문설주에 닿게 되면, 성인이 된 것이고, 집안에서 양기의 원천인 아버지를 압박한다고 알쏭달쏭한 해석을 했던 것이다. 진의 시황제가 음력 1월 1일에 태어났고, 맹상군이 5월 5일에 태어났다.

E.2.9. 게임 [미녀 코 베기]

『이웃 나라 임금이 초(楚)나라의 회왕(懷王)에게 미녀를 보냈다.

초나라의 회왕은 그녀에게 홀딱 빠져들었다.

회왕의 총희는 정수(鄭袖)였다.

정수는 새로 온 미녀를 가지고 따뜻하고 세심하게 보살피면서 옷, 장신구, 가구, 화장품 등을 아낌없이 주었다.

그 미녀를 아끼는 정도는 회왕보다 더했으면 더했지 결코 덜 하지 않았다.

이를 알게 된 회왕은 정수의 행동에 감동하지 않을 수 없었다.

"여자는 시기심과 질투심이 강한 것이 일반적인데, 정수가 새로 온 미녀를 살피기를 나보다 더 잘하는구나!"

이렇게 회왕과 미녀의 신뢰를 얻은 후에 정수는 미녀에게 이런 말을 해주었다.

"왕께서는 너의 아름다움을 아주 아끼신다. 다만 한 가지 네 코 모양을 조금 마음에 들어 하지 않으시니 다음부터는 코를 살짝 가리고 왕을 뵙는 것이 더 좋겠다."

미녀는 다음날부터 회왕을 만날 때면 코를 살짝 가렸다.

회왕이 처음에는 그냥 지나갔으나 그런 모습을 계속해서 보게 되자 의아한 생각이 들어 하루는 정수에게 물었다.

"그 애가 어째서 나만 보면 코를 가리는 것이냐?"

정수가 대답했다.

"저는 잘 모릅니다. 다만……."

그러자 회왕이 재촉하며 물었다.

"괜찮으니 어서 말해 보거라!"

정수가 마지못한 척하며 말했다.

"대왕의 몸에서 나는 냄새를 싫어한다는 것 같았습니다."

그 말을 듣자 회왕이 버럭 화를 내고 말했다.

"뭐야? 이런 빌어먹을 것 같으니라고!"

그리고는 즉시 시위들에게 명령을 내렸다.

"당장에 그년의 코를 베어 버려라!"』

[목표상태 디자인]

Step 1. **문제의 분석과 특성 분류**

초나라 회왕은 총애하는 미녀 정수에게 에너지의 투입을 집중적으로 지속하고 있었다. 그런데 이웃 나라에서 회왕에게 새로운 미녀를 보내왔고, 회왕의 총애는 새 미녀에게 옮겨졌다.

물리적 관점에서 보존되는 것들이 있는데 재미로 열거해보면, [질량, 에너지, 운동량, 각운동량]으로, 이것은 우리의 관심과는 상관없이 보존된다고 공인된다. 그런데 여기에 더해서 [정보, Risk, 총애]도 보존된다고 증명 없이 주장된다. 총애의 물리적 표현은 선물이나 하사품인데, 남자의 관점과는 달리 여자들은 자신에게 집중되던 에너지 공급이 일부라도 다른 여자에게 분산되는 것을 용납하지 못한다. (미리 방패막이를 하자면, 이 말은 리처스 도킨스의 책에서 읽었던 것 같다.) 에너지건 총애건 회왕이 갖는 총량은 보존되므로, 총애를 독점하던 정수로서는 용납할 수 없는 상황이었고, 새로운 문제의 발발이었다.

〈문제〉 정수의 관점 :

현재상태 : 새로운 미녀에게 왕의 총애가 분산된다.

목표상태 : 새로운 미녀에게 왕의 총애가 분산되지 않는다.

Step 2. **정수의 상대 고르기**

- 왕 : 에너지와 총애의 공급원이고, 요즘 말로 하자면 갑인데, 갑 중에서도 왕갑(王甲)이다. 달리 표현하자면 손대기 거북한 인간이다. 예측불허의 王甲을 상대로 문제해결을 시도하는 것은 결과의 불확실성보다 과정의 혼란스러움이 더 싫다.
- 새 미녀 : 어딘지 맹한 구석이 있다. 거기다 총애는 있지만 지위는 정수 자신보다 한참 낮다. 그리고 정수에게는 홈그라운드를 선점한 환경의 이점(어렵게 표현해서 텃세의 가산점)이 있지만, 새 미녀에게는 환경이 우호적이지 않다. 그래서 심리적으로 위축되어 있고, 정수의 말발이 먹히는 상대다.

  그래서 영악한 정수는 새로운 미녀를 상대 선수로 결정한다.

Step 3. **목표 도달을 위한 작용요소분석**

새 미녀의 장점 : 아름다움이 회왕의 총애를 끌어오는 주된 요소.

→ 아름다움은 몸매와 얼굴의 균형과 젊음이 핵심적 구성요소다.

↷ 아름다움의 요소 중에서 젊음은 훼손시킬 수 없다.

그러나 얼굴의 균형은 훼손시킬 수 있다.

(코를 베는 비형은 그 당시 흔한 형벌이었고, 코가 베이면 눈이 부시던 아름다움이 어떻게 바뀌는지는 잘 아는 상태였다.)

→ 어딘지 순진한 듯 맹한 새 미녀를 대상으로 목표상태를 디자인한다.

Step 4. 코 베기 문제

현재상태 : 미녀의 코가 멀쩡하다.

목표상태 : 미녀의 코가 멀쩡하지 않다.

Step 5. 미끼사용원칙에 의한 상황주도

① 밑밥깔기

미녀에게 친언니처럼 잘해준다.

→ 王甲의 의심과 미녀의 두려움이라는 방어막을 해제시키고, 왕과 미녀에게 정수 자신은 간도 쓸개도 없고, 날개도 없는 천사가 된다.

② 압박

정수가 미녀에게 네소스(Nessus)의 옷을 내민다. "王甲이 네 코가 조금 마음에 안 든단다."

새 미녀는 천사가 자신을 위해서 흘려주는 소중한 정보를 받아들일 수밖에 없다.

③ 강요

"코를 살짝 가려라!"

새 미녀는 자신을 위해서 해주는 조언이어서 뭔가가 약간 투명하지 않았어도 따를 수밖에 없다. 맹한 미녀는 입어서는 안 될 네소스의 옷을 입는다.

④ 챔질

표 안 나게 코를 가리는 미녀에게 궁금해진 王甲이 外菩薩 內夜叉

(외보살 내야차)에게 묻는다.

"저 애가 잘 있다가 왜 나만 보면 저렇게 코를 가리냐?"

"대왕의 몸에서 나는 냄새를 싫어한다는 것 같았습니다."

언행이 예측불허인 왕은 이때만큼은 정수가 예상했던 그대로 아주 정확히 반응했다.

"코를 베어라!"

일순간에 미녀는 추녀로 변했고, 왕의 총애는 Fata-Morgana처럼 미녀에게서 사라졌다.

정수는 어떻게 미녀의 코를 훼손하기로 작정하였을까?

본문에 "대왕의 몸에서 나는 냄새를 싫어한다는 것 같았습니다."라고 말한 것으로 미뤄보면, 초왕은 목욕을 싫어했거나, 겨드랑이에 액취증이 있었거나 좌우간 몸에서 냄새가 나는 사람이었고, 정수도 왕 자신도 그것을 알고 있었을 것이다. 그래서 미녀의 코가 정수의 공격목표로 되었고, 왕은 왕대로 "냄새"라는 말에 불같이 화를 냈던 것이다.

자고로 여자 - 특히 명석하고 행동력 있는 여자 - 의 표적이 되는 것은 크루즈 미사일의 표적이 되는 것보다 훨씬 더 위험하다.

정수에게 왕은 거북한 상대라고 했다. "거북한 인간"에 대해 크게 웃은 것은 테오프라스토스의 캐릭터를 읽었을 때였다. 기원전 370년경에 태어난 테오프라스토스가 쓴 재미있는 이 책에는 30가지의 인간특성이 묘사되고 있는데, 바로 그 모습을 우리 동네에서 늘 볼 수 있으니 시공을 초월하는 것이 인간특성인 것 같다. 인간특성의 31번째는 미끼에 약하다는 점이라고 덧붙이고 싶다.

TV에서 본 건데, 일본의 참치 낚시꾼에게 "낚시를 왜 하는가?"하고 물으니, "입질을 받는 순간의 쾌감 때문!"이라고 답을 했다. 정수도 새로운 미녀가 코를 살짝 가리는 바로 그때에 "입질을 받는 순간"의 낚시꾼 기분을 맛보았을 것이다.

⇒ 이 문제는 전형적인 직접관리법이면서 게임이기도 하다. 이 예제에서는 논리적 구조보다도 연적에게 냉혹한 미인의 무서움이 더 설득력 있게 작용한다.

E.2.10. 목표상태 디자인의 사례 비교

목표상태 디자인은 대상에 따라 해결과정과 해결원리가 달라진다. 대상이 자연인 경우는 자연법칙에만 따르고, 인간일 경우 직접관리가 가능한 경우와 게임으로 나눠진다.

대상 : 자연

Case 1 : 고유 설계 [배의 설계]		
〈목표 대상 : 배〉	〈필수기능〉	〈문제해결〉
① 물에 떠야 한다. ② 사람이나 화물을 실어야 한다. ③ 출발위치에서 목표위치까지 움직여야 한다.	① 부양성 ② 적재성 ③ 이동성	자연법칙을 토대로 대상이 지녀야 할 필수기능을 발현시키는 기능구조 설계

Case 2 : 적응 설계 [거북선]	
〈목표 : 새로운 설계 조건〉	〈문제해결〉
① 소총으로부터 승조원 보호 ② 일본군의 승선 방지	판옥선을 토대로 새로운 설계조건의 수용 ① 갑판 위에 덮개 설치 ② 덮개 위에 날카로운 방어물 설치

Case 3 : 변형 설계 [거북선]	
〈목표: 기하학적인 변형 요구〉	〈문제해결〉
① 적선 충파 시에 용머리가 거추장스럽다. ② 거북선의 유지보수가 용이하지 않다.	적응설계를 토대로 새로운 설계조건 수용 ① 충파시 용머리 후퇴 기능 ② 덮개 위에 보행로 조성

[그림 42] 목표상태 디자인의 사례 비교(대상이 자연일 때)

대상이 자연인 경우,

Case 1의 목표상태는 배다. 배의 정의는 부양성, 적재성, 이동성을 갖는 수상구조물이다. 그리고 필수기능은 부양성, 적재성, 이동성이다. 배의 고유설계는 세 가지 필수성능을 가지는 수상구조물의 기능구조 조합의 실현이다. 이 세상에 배가 없는 경우를 가정하여 사고실험을 한 것으로 3가지 필수기능을 갖는 최초의 기능구조계획이 완성되는 것이 고유설계가 된다.

Case 2의 목표상태는 기존의 판옥선을 바탕으로 변경(추가)된 설계요구조건(승조원의 보호와 적병의 승선 방지)에 맞추어 기능구조를 바꾼 것이어서 거북선은 (판옥선의) 적응설계가 된다.

Case 3의 목표상태는 기존의 거북선을 바탕으로 전투 시의 충각이 효과는 그대로 유지하고, 선체(특히, 용머리)가 손상이 없도록 하고, 유지보수가 용이하도록 하는 기능성 배를 만드는 것이다. 충파 시의 손상을 막기 위해 거북선의 머리를 뒤로 넣고, 장갑의 송곳과 칼날 사이로 통행로를 만든 것이 기하학적 변경인 변형설계가 된다.

대상 : 인간

Case 4 : 직접관리법 [신년하례]			
〈목표〉	〈설계자〉	〈설계대상〉	〈관리기법〉
영주들이 갖는 찜찜함과 면구스러움의 해소	히데요시	영주들	미끼사용원칙

Case 5 : 게임 [미인조달]			
〈목표〉	〈설계자〉	〈설계대상〉	〈관리기법〉
돈은 받되 미인은 데려오지 않는다.	장의	초왕	미끼사용원칙

[그림 43] 목표상태 디자인의 사례 비교(대상이 인간일 때)

대상이 인간인 경우,

Case 4의 신년하례는 직접관리법임에도 미끼사용원칙에서 없던 규정을 슬쩍 끼워 넣어서 더운물을 새로 탔으니, 내가 먼저 마신다는 명분으로 목표달성을 했다. 해롭지 않은 규칙은 관리대상의 반발 없이 매끄럽게 사용할 수 있다는 강자의 권리를 잘 보여준다.

Case 5의 미인조달 문제는 관리대상이 왕인 게임으로 미인을 데려올 수도 없고, 데려오지 않을 수도 없는 괴로운 문제다. 먼저, 더 위험한 여자들의 원한을 처리하고, 다음으로 멍한 임금의 자존심을 부추겨 문제해결 선언을 왕이 직접 하게 한다. 해결원리는 미끼사용원칙으로 인간의 약점(자존심과 허영심)을 미끼로 하는 효과를 보여준다.

E.3. 유해요소 그룹 문제

유해요소란, 현재상태를 목표상태에서 더 멀어지게 작용하는 것이다. 이들의 예를 찾아보자.

E.3.1. 유해작용 무해화 [에스토니아호]

『Estonia(에스토니아)호 침몰은 1994년 9월 28일 발틱해에서 일어났다. 경하중량 2,800톤이고 길이 156m, 너비 28m의 RO-RO선이었다. 803명의 승객과 186명의 선원을 합쳐서 989명이 승선했다. 배는 9월 27일 저녁 7시에 에스토니아의 탈린을 출발하여 스웨덴의 스톡홀름으로 향했다.

발트해를 항해 중이던 새벽 1시쯤 뱃머리의 문이 열리면서 자동차가 주차된 갑판으로 바닷물이 밀려들었다.

에스토니아호는 1시 50분에 다른 선박의 레이더에서 사라졌다. 침몰해역의 수심은 약 80m였고, 989명의 승선자 중 137명이 구조되었다.

에스토니아호의 사고 원인은 뱃머리에 있는 문이 열려 바닷물이 주차 갑판 안으로 들어왔고, 배 안으로 들어온 바닷물이 무게중심을 높여서 배를 뒤집어지게 한 것으로 밝혀졌다.

에스토니아호처럼 자동차를 운반하는 배들은 일반 상선과는 달리 자동차 같은 화물을 더 많이 싣기 위해 (일반 배보다 많은) 6~8개의 갑판들을 가지는 배로 건조된다. 이렇게 여러 갑판이 있게 되면, 배의 무게중심이 더 높아져서 배가 전복될 위험도 더 커진다. 거기에다 바닷물이 갑판 위에 밀려들면 높아진 무게중심이 더 높아져서 배가 쉽게 전복된다.

에스토니아호의 침몰로 인해 해수가 갑판에 유입되더라도 배가 전복되지 않도록 설계해야 하는 문제가 생겼다.

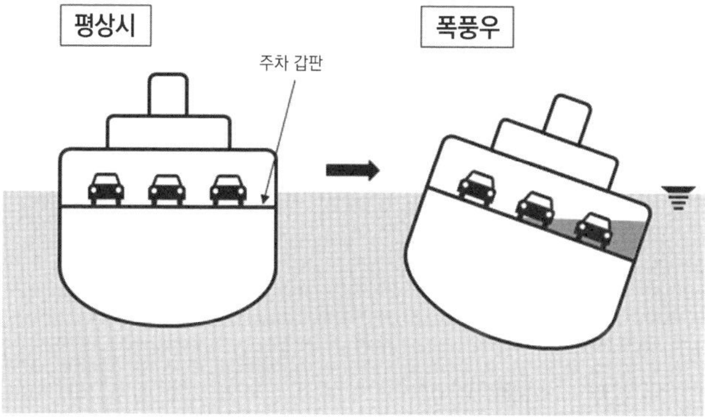

에스토니아호의 침몰에서는 에스토니아호 바깥의 바다에서 에스토니아호 안으로 침입한 바닷물이 침몰의 원인이며 유해요소가 된다. 그리고 배의 침몰에 대한 대책은 배의 (특히, 자동차운반선 같은 RO-RO선) 설계를 변경하여 항해 중에 어떤 이유로 바닷물이 주차 갑판에 들어오더라도 침몰하지 않도록 하는 것이 된다. 배의 바깥에서 배 안으로 밀려온 바닷물이 유해요소인 것이 분명해지면 유해요

소가 만드는 유해작용은 무게중심을 높여주는 것이 된다.

물에 뜨는 것들은 -배가 대표적으로 머릿속에 떠오르지만- 아래로 향하는 무게중심과 위로 향하는 부력중심을 가진다. 무게중심이 부력중심보다 낮으면 낮을수록 배가 뒤집어지는 경우는 없고, 무게중심이 부력중심보다 높아질수록 더 쉽게 뒤집어진다. 우리의 직관은 더 간단하게 인식한다. "아래가 무거우면 안전하고, 위가 무거우면 자빠지기 쉽다!"이다.

그러므로 설계의 변경에서 핵심요지는 갑판 위에 들어오는 바닷물이 만드는 무게중심의 상승을 어떻게 하던 낮추는 것이 된다. 그리고 이쯤 되면 바보라도 해결법 -설계변경-을 안다. 그것은 갑판 위의 바닷물을 가급적 빠르게 갑판 아래 가장 낮은 위치로 옮겨가게 하는 것이다. "갑판의 적당한 위치마다 배수구를 만들어주는 것이 설계변경의 핵심이다."

실제로 에스토니아호 침몰 이후에 RO-RO선의 설계변경은 갑판에 물이 아래로 흘러내리게 하는 배수구를 만들도록 개정되었다. 이것은 유해요소의 위치를 옮겨서 유해작용이 약해지도록 하는 것이다.

정리하면, 이 문제의 해결은 유해요소 처리에 달려있다. 유해요소는 유해작용이 없어지는 위치로 옮겨놓거나 유해작용이 차단되도록 하는 것이 해결법인데 이 경우에는 대상이 바닷물이어서 물리법칙만 따른다. 그리고 가장 큰 작용력은 중력이 된다. 중력이 큰 곳은 가장 낮은 곳이므로 갑판의 바닷물이 배의 바닥으로 흘러갈 수 있도록 통로개설만 하면 된다.

갑판을 덮었던 바닷물이 아래로 흘러내리면, 배의 무게중심이 부력중심보다 아래에 옮겨져서 배 횡요(Rolling)에 의한 전복위험이 없어진다. 덤으로, 갑판에서 아래로 흘러내려 배 바닥에 고인 바닷물은 모든 배에 상설장비로 설치되어있는 배수펌프로 퍼낼 수가 있다.

E.3.2. 유해요소 무해화 [낫질 작전]

『프로이센(Preussen)의 육군참모총장 알프레드 폰 슐리펜 백작(Alfred Graf von Schlieffen)은 독일이 프랑스를 공략하기 위한 두 가지 진격 루트를 설정했다. 하나는 알프스(Alps) 산맥을 가로지르는 공격로였고, 다른 하나는 벨기에를 통과하는 것이었다.

독일 국방군이 수립한 침공계획 '황색 작전(Fall Gelb)'은 먼저 중립국인 벨기에와 네덜란드를 통과하고, 이들 중립국 배후에 구축된 연합군 방어선에 독일군이 정면공격을 가하는 사이에 별동대가 아르덴느 삼림지대를 돌파하여 적군의 후방을 타격하는 것이었다.

한편 독일군 에리히 폰 만슈타인(Erich von Manstein)은 슐리펜 계획을 수정한 낫질 작전을 입안했는데, 그 요지는 독일군이 벨기에와 네덜란드 공격을 시작하면 이를 방어하기 위해 영불연합군이 벨기에와 네덜란드 쪽으로 이동하는 빈자리를 독일군 기갑부대가 진공하여 프랑스를 두 쪽으로 나눈다는 것이었다. 다시 말해, 독일군 기갑군단이 아르덴느를 통과하여 프랑스를 종심 깊게 파고들어 대서양 연안까지 도착하자는 것이었다. 하지만 이 작전이 먹혀들기 위해서는, 벨기에 방면에서 연합군을 끌어당겨야 한다.

1940년 5월 10일 독일군은 총공격을 개시했다.

B집단군은 네덜란드 제1 및 제2 방어선을 돌파했고, 네덜란드군은 독일군의 침공 나흘 만인 14일 오후 항복을 했다.

한편 벨기에를 침공한 독일군 공수부대는 세계 최강의 요새라고 알려진 에벤 에마엘(Eben-Emael) 요새를 약 20분 만에 점령했다.

영불연합군의 주력은 독일군의 침공 통로인 벨기에 통과를 막기 위해 급히 이동하면서 독일군이 던진 미끼를 확실하게 물었다. 그렇게 해서 독일 B집단군은 연합군 방어중심을 벨기에 쪽으로 끌어당겨 고착시키는 데 성공했다.

한편 독일군 A집단군의 기갑 부대는 5월 10일과 11일 아르덴느 지역 통과를 시작했다.

5월 12일 저녁, 독일 기갑부대는 뫼즈강에 도달했고, 15일 아침까지는 모든 기갑부대의 뫼즈강 도하가 완료되었다. 독일군 기갑부대는 연합군의 방어 주력이 비켜준 방어중심을 통과하여서 프랑스를 둘로 나누면서 진격했고, 프랑스군은 급격히 와해되었다.

5월 20일에는 독일군이 대서양 연안 아브빌(Abbebille)에 도달했다. 작전 개시 단 10일 만에 독일군은 영국군 병참선을 차단하고 프랑스군을 남북으로 두 동강 내었다.

낫질작전의 성과로 독일은 불과 3주 만에 1백만 명 이상의 연합군을 포로로 잡는 역사상 보기 드문 대승을 거두었다.

낫질작전의 결과로 독일군 서부전선에서 독일군에 대치하던 영불 연합군이 소멸되었다.」

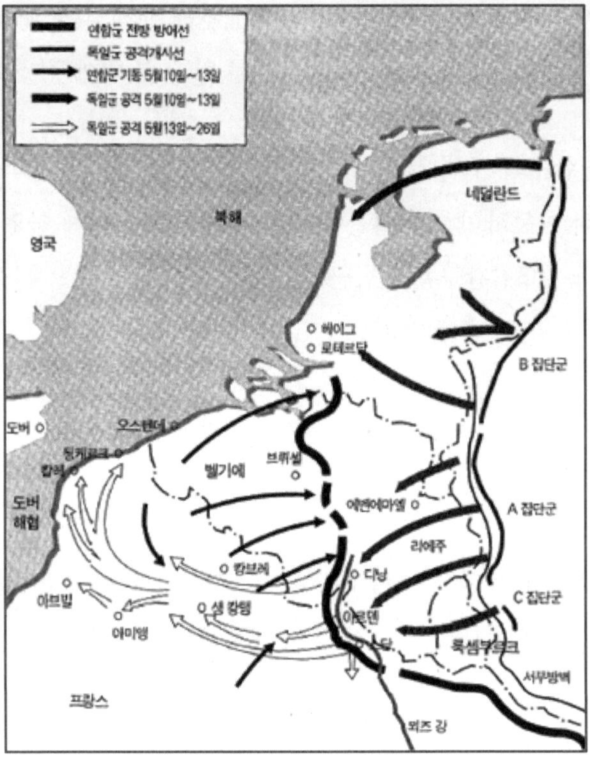

● 프랑스 전투 제1단계 작전

[그림 44] 낫질작전 전황도

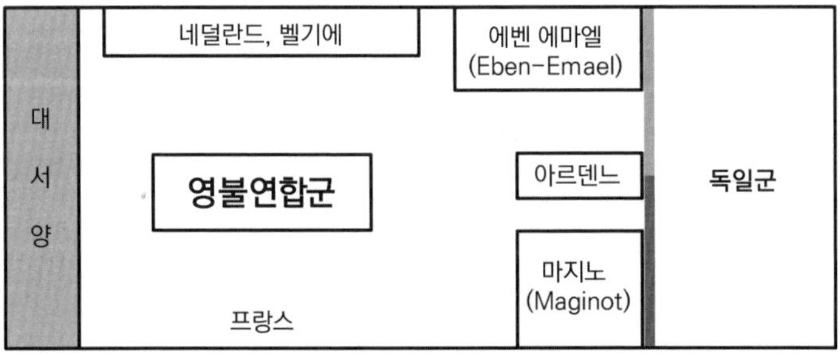

[그림 45] 낫질작전 조감도

그림 44의 실제 상황도를 보기 쉽게 바꾼, [그림 45]의 낫질작전 조감도에서는 영불연합군과 독일군의 대치상황을 복잡한 실제 지형에 맞추지 않고, 단순하면서도 명확하게 이 전투의 승패를 결정한 요소들이 나타날 수 있게만 표현했다.

[그림 45]를 보면, 종선으로 구획된 3개의 영역이 있다. 이들 3개의 영역 중 [그림 45]의 맨 좌측은 대서양을 나타내는데, 제해권을 장악한 영국해군에 의해 독일군의 영향력이 배제되는 영역이 된다. 이러한 대서양에서의 제해권 상실은 독일군 입장에서 볼 때 영불연합군에 대한 포위를 불가능한 선택 대안으로 만든다. [그림 45]의 중간 부분은 프랑스를 나타내는데 그림 맨 우측의 독일군 영역과는 마지노 — 에벤 에마엘 — 벨기에·네덜란드 중립국 지대로 분리되어 있다.

[그림 45]의 중간 부분이 전장이 되며, 영불연합군의 방어력이 전체의 무게중심이 되고 있다. 그래서 영역 2인 중간 부분(프랑스)은 서쪽인 왼편은 대서양(영국 해군)으로 보호받고, 남쪽은 중립국인 스페인과 접하면서 안정적이고, 동쪽은 마지노와 에벤 에마엘로 상징되는 강력한 방어선으로 보호된다. 그러므로 제해권의 상실로 포위가 불가능한 독일군의 입장에서는 중립국인 벨기에·네덜란드로의 우회 공격이 가장 현실적인 선택이 된다. 그리고 이러한 독일군의 입장이 슐리펜 계획으로 입안되었다. 그러므로 영불연합군은 독일군의 공격이 불가능한 서쪽과 남쪽의 방어에 대한 걱정 없이 오로지 북부의 벨기에·네덜란드 중립국 지대의 후방을 강화하면 된다고만 믿었다.

[그림 45]에서 보면, 마지노와 에벤 에마엘의 사이에 아르덴느가 표기되어 있다. 아르덴느 지역은 유럽의 원시림 지대로서 기계화 부대의 통과가 기술적으로 불가능하다고 영불연합군이 판단하여 마지노의 연장선이라고 간주했다. 이것은 공학 기술의 진보를 제 때에 따라가지 못하는 일종의 심리적 관성의 폐해로서 "물리적으로 불가능하지 않은 것은 모두 가능하다."고 생각해야하는 원칙을 지키지 못했다.

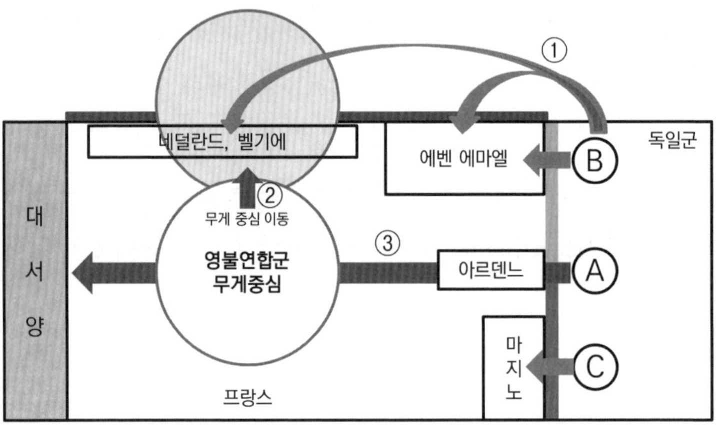

[그림 46] 낫질작전 개념도

독일군 입장에서는 서부전선에서의 영불연합군에 대한 선택은 중앙돌파 뿐이었다. 이 경우의 중앙돌파는 [그림 46]에서 볼 수 있듯이 독일 A집단군 Ⓐ가 아르덴느를 통과하여 대서양 연안에 도달하면서 프랑스를 남북으로 분리시키는 것이다. 그리고 그렇게 하려면 ① 아르덴느 돌파 후에 ② 독일군의 공격에 대비하고 있는 영불연합군의 무게중심을 격파하거나 아니면 영불연합군의 무게중심을 독일군 공격로에서 비켜나도록 이동시켜야 한다.

독일군이 프랑스를 남북으로 쪼개기 위해서는 강력한 파괴력을 가진 기동력 있는 전투부대가 필요하다. 그래서 독일군은 각 사단에 분산 배치되던 탱크를 모아서 기갑부대를 편성했다. 그리고 영불 방어군 무게중심에 대한 정면돌파는 엄청난 손실을 불러올 뿐 아니라 독일군의 진격이 저지되는 위험도 크다고 판단했다. 그러므로 독일군 입장에서 낫질작전의 열쇠는 영불연합군의 무게중심이 독일군의 방해가 되지 않도록 진공로에서 비켜나게 만드는 것이 된다.

[그림 46]에서 보듯 먼저 독일군 Ⓑ가 벨기에·네덜란드 중립국을 침공하면, 영불연합군은 북쪽을 위협받게 된다. 그러므로 독일군 Ⓑ의 공격은 연합군에 대해 북쪽을 방어하라는 압박 또는 요구로 작용한다. 독일군 Ⓑ의 공격을 방어하지 않으면 커다란 돌파구가 생길 수 있기에 손 놓고 있기도 어정쩡하다. 그래서 영불연합군의 무게중심이 중립국 배후인 북쪽으로 이동하면, 원래의 방어중심 위치가 비게 된다. 독일의 기갑부대 Ⓐ는 그 빈공간으로 진공한다. 그렇게 해서 대서양에 도달하면, 영불연합군은 남북으로 양분되고, 그 양분된 각각은 조직과 지휘체계가 무너지고, 병참선이 끊겨 전투력이 사라진다.

독일군 입장에서의 관점 :

- 유해요소 : 연합군 방어중심
- 유해작용 : 독일군 Ⓐ의 진공 저지
- 작용영역 : 프랑스 국내
- 현재상태 : 독일군의 진공로에 연합군 주력이 있다.

• 목표상태 : 독일군의 진공로에 연합군 주력이 없다.

• 문제해결 : 현재상태 → 목표상태

여기서 유해요소는 연합군 방어중심이 되고, 유해작용은 유해요소가 발생시키는 독일군의 진공 저지가 된다. 유해요소는 그대로 두고, 유해작용을 무해화시키려면, 독일군 침공로에서 연합군의 주력이 분쇄되거나 저지력을 행사할 수 없는 위치로 이동시키면 된다.

낫질작전의 경우는 프랑스 북쪽 국경에 독일군 Ⓑ가 압력을 주어, 독일군 Ⓐ의 진공이 쉽도록 연합군 방어중심을 북쪽으로 끌어당긴다. 이에 따라 연합군 주력은 북쪽으로 움직이면서, 유해요소가 스스로 더 큰 물리력(여기서는 군사적 압력)이 작용하는 위치로 이동하여 유해작용이 제거되었다.

〈문제정의〉

현재상태 : 서부전선에 영불연합군이 있다.

목표상태 : 서부전선에 영불연합군이 없다.

Step 1 : **분석**

[작전 선택]

ⓐ 포위 – 독일은 영불해협이 포함된 대서양의 제해권 상실로 영불연합군의 포위는 물리적으로 불가능하다.

ⓑ 중앙돌파

– 포위가 불가능한 독일군의 반강제적 선택인 중앙돌파 시 독일군의 진공로에 중앙돌파를 방해하는 유해요소인 영불연합군 무게중심이 포진하고 있다.

→ 유해요소의 존재

Step 2 : **열쇠문제 구성**

현재상태 : 진공로에 영불연합군이 있다.

목표상태 : 진공로에 영불연합군이 없다.

Step 3 : **유해요소 제거(이동)**

목표상태를 구성하는 대상이 인간 – 더 큰 작용력 창출(미끼사용 원칙)

Step 4 : 미끼사용원칙에 의한 더 큰 작용력(군사적 압력) 창출

- 밑밥깔기 : 프랑스 북부(네덜란드-벨기에)에 대한 독일군의 공격 정보를 흘림
- 위협(압박) : 중립국(네덜란드-벨기에)을 통과하는 독일군의 프랑스 북부 공격
- 강요 : 연합군 무게중심의 북쪽 이동을 강요
- 챔질 : 연합군 무게중심의 북쪽 이동으로 빈 위치를 독일 기갑부대로 통과하면서 프랑스의 남북 양단

새로운 현재상태 : 독일군 진공로에 영불연합군의 무게중심이 없다.

목표상태 : 독일군 진공로에 영불연합군의 무게중심이 없다.

→ 유해요소는 제거되고, 독일군은 프랑스를 성공적으로 남북양단시킨다.

E.3.3. 유해요소 무해화 [맹상군의 식객]

『맹상군의 식객 중에 맹상군 부인과 통정(通情)을 한 자가 있었다.

다른 문객이 이를 맹상군에게 일러바쳤다.

"군의 문객이 되어, 부인과 몰래 정을 나누는 자가 있다니, 고약한 인간입니다. 그를 죽여 버리십시오."

맹상군이 말했다.

"남녀가 모습을 보고 서로 사모의 정을 품는 것은 인지상정이다. 내버려 두고 더 이상 말하지 말라."

그리고 1년쯤 지난 후에, 맹상군이 자신의 부인과 정을 나누던 자를 불러다가 말했다.

"그대와 나는 교류한 지가 꽤 오래되었소. 그런데 그대에게 적합한 높은 자리는 아직 나지 않아 그대를 알선하지 못하였고, 작은 관직이야 그대에게 어울리지가 않았소. 내가 위(衛)나라 임금과는 두터운 친분이 있소. 적절한 선물을 준비해 놓았으니, 이제부터 위나라 임금과 교류해 보기를 바라오."

그 문객이 맹상군의 추천을 받아 위나라로 가자 크게 인정을 받아 높은 관직에 앉았다.

그 후 제나라와 위나라 사이의 관계가 악화되어, 위나라는 다른 나라들과 맹약을 맺어 함께 제나라를 공격하려 하였다. 이때 그 사람이 나서서 위나라 임금에게 말했다.

"맹상군께서는 제가 이렇게 불초한 줄도 모르고, 대왕께 저를 추천하였으니 불초한 저 자신이 대왕을 속인 셈이 되고 말았습니다. 그러나 제가 듣건대 제나라와 위나라는 선조 때 이미, 말을 잡고 양을 죽여서 맹약하기를 '제나라와 위나라는 후세에도 서로 침략함이 없으리라. 만약 침범하는 자가 있으면, 그 목숨이 말이나 양과 같게 되리라.'고 하였다 합니다. 그런데 지금 주군께서 다른 나라들과 맹약을 맺고 제나라를 공격하려 하신다니, 이는 선조의 맹약을 배반하는 것이요, 동시에 대왕을 선조 대대의 동맹으로 여기고 있는 맹상군을 속이는 것입니다. 원컨대 주군께서는 제나라에 대한 좋지 않은 감정을 갖지 말아 주십시오. 주군께서 저의 의견을 들어주신다면 그것으로 끝나겠지만, 만약 저의 간언을 듣지 않으신다면, 제가 불초해서 그런 것으로 알고, 저는 당장 제 목의 피로써 주군의 옷깃을 적시겠습니다."

위나라 임금은 이에 제나라에 대한 공격 계획을 중지하였다.

제나라 사람이 이 소식을 듣고, 이렇게 말하였다.

"맹상군은 과연 일을 잘 처리한다고 이를 수 있다. 화(禍)를 돌려 공(功)으로 만들었도다."』

맹상군의 식객 문제는 따져 볼 것도 없이 가정의 안정을 해치는 유해요소 문제에 해당한다. 자신의 아내와 식객이 정을 통했다는 사실을 확인한 맹상군은 길지 않지만 심도 깊게 당면한 사항을 분석했을 것이다.

먼저, 아내와 식객이 ⓐ가까워지는 상황인지, ⓑ가까워진 상황인지를 구분했을 것이다. 두 경우의 대처법은 하늘과 땅처럼 차이가 있게 된다. 그런데 맹상군에게 찔러준 보고는 두 사람의 관계가 문턱을 넘어서 (서양식 표현으로는 Tipping point를 넘긴 것이어서) 맹상군 자신의 가정에 이미 유해요소가 들어와서 유해작용을 일으키고 있다고 밝힌 것이다.

그러므로 문제는 :

현재상태 : 유해요소(식객)가 유해작용(통정)을 한다.

목표상태 : 유해요소(식객)가 유해작용을 못한다.

이고,

문제해결을 위한 유해요소의 제거는

Ⓐ 유해요소를 처형하거나,

Ⓑ 유해요소 옮겨놓기

를 하면 된다.

해법 Ⓐ의 실행 시 $\frac{\text{혜택}}{\text{비용}}$을 계산해보면,

유해요소인 식객이 두 번 다시 머리를 디밀지 못하는 게 혜택(benefit)이고,

많은 식객들에게서

"재주 있는 식객을 우대한다더니 처형했다.",

"가정관리가 형편없다.",

"무자비하다.",

"뭔가가 신통찮나 보다."

등으로 평판이 나빠지는 것이 비용(cost)이 된다.

식객들을 정치적 자산으로 여기는 맹상군의 셈법에 따르는 계산은 비용이 혜택보다 더 컸다.

해법 Ⓑ의 유해요소 옮겨놓기는,

식객이 맹상군의 종족보존본능을 훼손했으므로 엄중한 처벌이 자연스러운 데도 식객을 살려서 보내는 것은 이 역시 $\frac{\text{혜택}}{\text{비용}}$의 계산 결과를 따른 것이다. 식객을 살려두면 맹상군 자신의 감정은 개운하지 않다. - 이것이 비용이다.

맹상군이 혜택은 무엇인가를 생각해 보니,

"한 가지 재주만 있어도 우대한다!"

는 말이 이제 진정한 시험에 들었다는 것을 깨달았다.

일을 저지른 그 카사노바 식객은 고난도의 여자 후리기 재주를 맹상군의 처를 대상으로 증명한 것이다.

재주 있는 인재우대 공약을 지켜서 수많은 식객의 지지를 얻는 것이 정치적 입장을 더욱 확실하게 강화시킬 수 있는 혜택이고, 마누라를 후린 녀석을 속 시원하게 패지도 못하고 돈과 추천장을 손에 쥐어줘야 하는 것이 비용이다.

일은 많고, 하루는 12시진으로 한정되어 몸을 뺄 틈이 없었기에 맹상군 자신은 처를 자주 볼 수 없었는데, 속 좁은 처는 그걸 못 참고 일을 낸 것이다. 그리고 맹상군에게도 여자는 한 명만 있는 것이 아니다.

매일매일 처리해야 할 사안이나, 만나야 할 사람이 끊이질 않고 수많은 식객의 관리도 있었기에 요즈음의 정치인 못지않게 맹상군도 시간을 분초로 쪼개어 써야했다.

처는 자신에게 할당된 시간이 참새 눈곱 정도라서 찬밥이라고 스스로 생각했고, 맹상군은 같이 노닥거릴 시간이 없어서 넓은 마음을 먹을 수 있었다. 천성에 의한 너그러움이라기보다 비용-혜택 분석에 의한 냉철한 너그러움이 처와 식객에게 적용된 것이다.

그러므로 Ⓑ를 택한다.

해법Ⓑ는 유해요소를 옮겨놓는 것이므로

① 현재 상태에서 보다 더 강하게 유해요소에 작용하는 것이 있는지를 찾는다.

② ①에서 찾은 더 강하게 본능이 선호하는 위치로 향하는 통로를 열어준다.

(식객에게 맹상군의 곁은 위험한 곳이다. 가급적 빨리 제나라를 떠나는 것이 생존에 이롭다.) 맹상군은 이를 알고 활용한다.

이러한 문제해결방식에 따라서

① 유해요소의 현재 위치보다 더 큰(더 끌리는) Niche(생태계의 위치)를 갖는 곳을 찾는다. → 1년에 걸쳐 찾아낸 것이 위나라였다. (맹상군이 잊은 듯 말없이 보낸 1년은 위나라에 정지작업(밑밥깔기)을 하는데 걸리는 시간이었다.)

② 유해요소가 현재 위치보다 더 당기는 Niche를 향해서 옮겨갈

수 있도록 통로를 개설한다. → 위나라 임금에게 추천장을 보내고, 돈과 예물을 주어서 제나라에서 위나라로 옮겨갈 수 있게 길을 열어준다. 식객을 위나라로 밀어 보낼 때는 미끼사용원칙이 적용되었다.

- 밑밥깔기 : "내버려 두고 더 이상 말하지 말라."
  (내가 이제 분명히 안다는 것을 전해 들어라!)
- 위협(압박) : "그대에게 적합한 좋은 자리는 아직 나지 않는다."
  (내 밑에서 일할 생각은 꿈도 꾸지 말라!)
- 강요 : "위나라 왕과 교류해 보시오."
  (좋게 말할 때 위나라로 빨리 가거라!)
- 챔질 : "거마와 피폐를 준비했다."
  (지금 바로!)

식객은 쌍방울에서 요령 소리가 들리게 서둘러서 위나라로 갔다. 그렇게 해서 유해요소가 사라지고, 문제가 해결되었다.

식객이 위나라로 가고 나면, 맹상군의 처와 식객 사이에서도 서로 간에 작용하는 인력은 거리역제곱 법칙을 그대로 따른다.

$F \propto \frac{m \cdot M}{r^2}$: 질량이 M과 m인 두 물체 사이의 인력

$F \propto \frac{♂ \cdot ♀}{r^2}$

$$(\text{남녀 간의 이끌림} \propto \frac{\text{남자 매력} \cdot \text{여자 매력}}{(\text{거리})^2}, (\propto: \text{비례한다})$$

따라서 국경 넘어 위나라로 식객이 옮겨가면, 남녀 간의 끌림도 멀어지는 거리의 제곱에 반비례해서 약해지고, 시간에 따라서 꿈처럼 희미하게 사라진다.

문제해결의 후속효과 : 그 후 위나라에서 벼슬하던 그 식객이 위나라와 제나라의 전쟁을 막았기에 식객을 살려서 위나라로 옮겨놓은 것은 선견지명으로 평가하지만, 맹상군이 문제해결을 할 때는 이러한 후속효과까지는 생각할 수 없었다. 우연히 Happy End를 만났을 뿐이다.

E.3.4. 유해요소의 사례 비교

여기서 생각을 잠시 뒤로 되돌려 본다. Case 1의 에스토니아호의 침몰은 바퀴벌레 법칙이 적용되는 전형적인 예다. 실제로 수많은 배들이 무게중심이 높아져서 전복되었다. 짐을 많이 실으면 짐 자체의 무게가 배의 흘수선을 높여서 건현을 줄이게 된다. 배의 흘수선에서 상갑판까지의 높이 차이를 건현(freeboard)이라 하는데, 예비부력을 나타낸다. 그러므로 예비부력이 줄어들면 침몰 위험이 더 커진다. 무게중심이 상승하면 배가 좌우로 뒹구는 Rolling시에 어느 한쪽으로 기울어지다가 그대로 뒤집혀 지는 경우를 불러온다. 에스토니아호의 침몰원인은 선내갑판으로 밀려 들어온 바닷물이 일으킨 무게중심의 상승이었다.

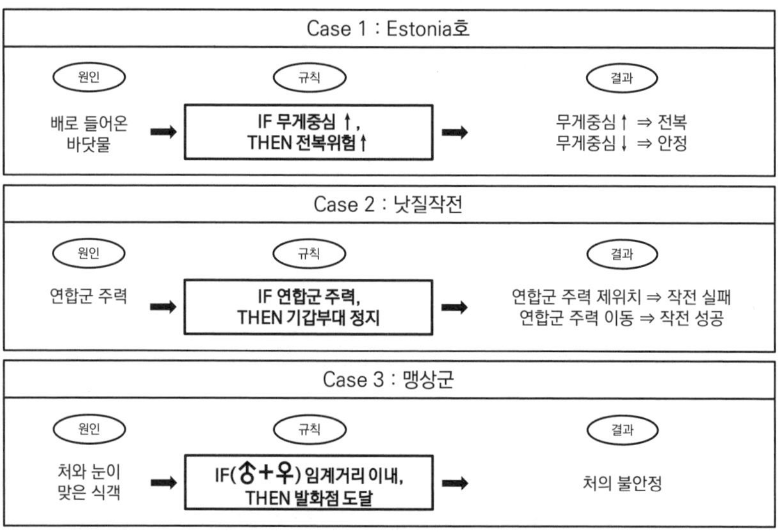

[그림 47] 유해요소 무해화의 사례 비교

case 2와 case 3은 연합군 주력과 식객이 유해요소가 된다.

case 1, 2, 3은 인간의 삶에서 드물지만 꾸준히 나타나는 사건이다. case 1, 2, 3에서 공통적인 것을 그대로 찾아내어 보자. case 1에서의 바닷물 = case 2에서의 연합군 군대 = case 3에서의 식객이 각각의 상황에서 해로운 작용을 한다. (바닷물 - 연합군 주력부대 - 식객)은 각각 서로 다른 물리량이지만 공통특성은 이들이 각각의 상황에서 현재상태가 목표상태에서 멀어지게 하는 해로운 기능을 갖는 점이다. 그래서 (바닷물 - 연합군 주력부대 - 식객)을 유해요소라고 정의하면, case 1-2-3은 같은 문제특성을 가진다.

유해요소 무해화는 유해요소의 무해화와 (유해요소의) 유해작용 무해화를 구분한다. 예를 들어, 배를 설계한다고 생각하자. 배의 운용해역이 한국의 서해일 때는 서해의 조석 활동이 유해요소이고, 9.7m에 달하는 조수간만의 엄청난 차이는 유해한 작용이 된다. 이때 우리는 유해요소에 손을 댈 수가 없다. 서해의 조수간만의 차가 하루 두 번씩 발생하는 것을 막을 길이 없기 때문이다. 이와 달리 조수간만의 큰 차이가 나타내는 영향은 배의 설계가 흡수할 수가 있다.

배의 형상설계를 통해서 배의 밑바닥을 편평하게 하고, 밑바닥 면적을 키우면 썰물 때의 얕은 물에서도 움직일 수 있고, 밀물에서는 배의 밑바닥이 넓은 그 만큼 더 빠르게 부력을 받아서 썰물 동안 갯벌에 앉혀졌던 배가 쉽게 뜰 수 있게 된다.

마찬가지로 에스토니아호에서의 해수, 낫질작전에서의 영불연합군 주력부대, 맹상군의 식객도 유해요소가 된다. 그리고 해로운 요소가 만드는 불편한 상황의 문제들도 〈표 8〉에 정리된 것처럼 유해요소 처리가 아닌 유해작용의 무해화를 통해서 해결할 수가 있다.

〈표 8〉 유해작용의 무해화

<table>
<tr><th rowspan="2">요소·작용 / 사건</th><th rowspan="2">유해요소</th><th rowspan="2">유해작용</th><th colspan="2">문제처리</th><th rowspan="2">해결원리</th></tr>
<tr><th>유해요소 제거</th><th>유해작용 무해화</th></tr>
<tr><td>RO-RO선의 해수 침입</td><td>해수</td><td>무게중심 상승</td><td>• 해수 침입 방지설비</td><td>• 더 큰 중력 위치로 보내기</td><td>더 큰 물리력 위치로 보내기</td></tr>
<tr><td>낫질작전</td><td>연합군 주력</td><td>독일군 저지</td><td>• 물리적 제거</td><td>• 더 큰 군사적 압력 위치로 당기기</td><td>더 큰 군사적 압력 위치로 당기기</td></tr>
<tr><td>맹상군의 식객</td><td>식객</td><td>가정 불안정</td><td>• 처형
• 거세</td><td>• 추방
• 더 높은 사회적 위치로 보내기</td><td>개체보존본능과 종족보존본능에 더 적합한 위치로 보내기</td></tr>
</table>

〈표 8〉은 유해요소(유해작용) 무해화의 세 가지 적용 예의 비교이다. 겉보기에는 3개의 경우 모두가 전혀 다른 상황을 보여주지만, 문제의 본질적 특성은 다 같다.

〈공통특징〉

① 유해요소가 나타내는 유해작용이 있다.

② 유해요소를 제거하는 것이 아니라, 유해요소가 발생시키는 유해작용을 무해화 시킨다.

③ 겉보기에는 다른 상황이지만 문제의 특성은 동일하다.

④ 문제특성이 동일하면, 동일한 해결원리로 문제가 해결된다.

E.4. 충돌문제 그룹

E.4.1. 법규 개정 [일부다처]

『연구실에 들어선 병목이가 특유의 동작으로 질문을 알렸다. 고개를 갸우뚱거리면 뭔가가 분명치 않다는 신호다.

"선생님."

"놀래라!"

"충돌문제에서 법규 개정은 어떤 의미인지 알 것도 같은데, 누군가가 물어온다면 정리된 설명이 힘들 것 같습니다."

"좋다. 사고실험을 해보자! 동가식서가숙의 이야기를 기억하느냐? 그 내용에서는 처녀가 주인공이었는데, 우리들 이야기에서는 매력적인 병목이가 주인공이다. 자, 그래서 병목이의 고민은 예쁜 처녀와 부잣집 처녀 중 누구를 선택해야 하는지를 결정할 수 없는 것 때문이다. 더 쉽게 말해서, 현재의 우리나라 법은 아니, 문명화된 국가의 법은 일부일처제를 명시하고 있다. 이 법에 따라서 예쁜 처녀를 선택하면 부잣집 따님은 남이 아니라 원수가 되고, 부잣집 따님을 택하면 찔레 공주는 눈을 안 뜬다. 이러한 문제는 법을 바꾸어 일부다처를 허용한다면 단숨에 해결된다. 법규 개정이 제한된 자원 때문에 발생하는 상위 단계의 제약을 풀어주기 때문이다. 어때?"』

충돌문제해결에 법규 개정이 의미 있게 사용된다. 충돌은 제한된 자원 때문이고, 법규 개정은 사용 자원에 관한 제약을 철폐하거나 완화시켜서 충돌의 근본적 원인을 없애준다.

E.4.2. 신기술 [주사바늘의 개량]

『(피부를 뚫고) 정맥 또는 피하지방 아래에 주사액을 투입하기 위한 도구는 (Ⓐ약품액체 저장통, Ⓑ약품을 신체에 연결시키는 파이프, Ⓒ약물투입액에 대한 압력 전달용 주사대, 그리고 Ⓓ바늘)로 구성된다. 주사의 개발 초기에는 주사바늘은 [그림 48]과 같아서

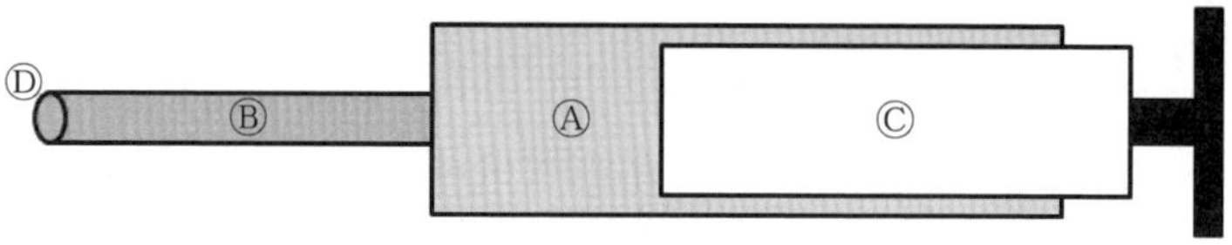

[그림 48] 개발초기의 주사기

끝단의 단면이 원형이었다. 주사는 "절개한 피부나 정맥에 주사바늘을 꽂아서 주사액을 주입하는 것"이었다. 전체기능은 주사액의 주입이고, 조건은 절개된 피부나 혈관이다. 그래서 정맥주사나 피하의 근육주사 모두 피부를 뚫고 들어가게 할 때는 날카로운 칼로 피부를 절개해서 바늘을 꽂는 고통스런 과정 때문에 환자와 의사가 모두 힘들었다. 피부를 잘 뚫고 들어가게 하는 것은 피부에 작용하는 힘이 아니라 단위 면적당 힘인 압력이다. 압력은 $\frac{\text{힘}}{\text{면적}}$으로서, 작용 면적이 작아지면 같은 힘에도 훨씬 큰 압력이 작용한다.

$$\text{압력}(P) = \frac{\text{힘}(F)}{\text{면적}(A)}$$

쉽게 말해서 같은 힘으로 누르더라도 닿는 면적이 작을수록 더 큰 압력이 작용해서 쉽게 들어간다. 누르는 힘과 닿는 면적, 그리고 작용하는 압력의 좋은 예로는 [그림 49]처럼 생긴 주변에서 흔히 보는 압정이 있다.

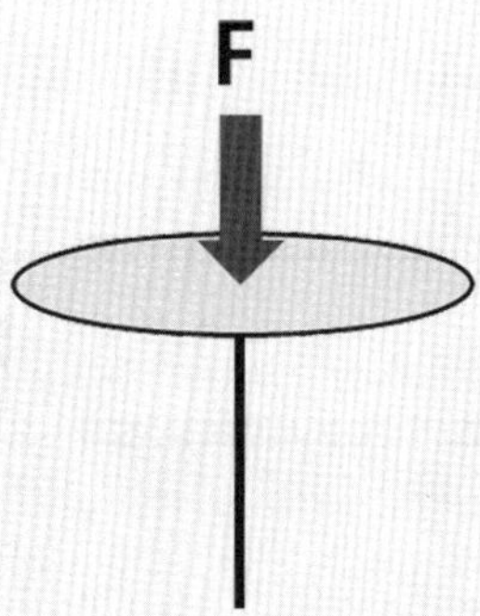

[그림 49] 압침과 압정

우리가 엄지손가락 끝으로 나무 책상을 누르면, 책상은 우리 엄지손가락을 아프게 하면서 엄지가 책상에 찔러 들어가게 하지 않는다. 그러나 압침으로 책상을 누르면, 어렵지 않게 책상을 파고든다. 같은 힘으로 누르는데도 손끝으로는 어림없고, 압침으로는 책상을 쉽게 찔러 들어간다. [그림 49]에서 처럼 힘 F가 면적이 A_1인 압침의 대가리를 누르면 압력은 $(\frac{F}{A_1})$가 된다. 압침 대가리 면적의 1/100인 단면적 A_2를 가진 압침의 바늘 끝에서는 같은 힘 F가 만드는 압력은 $(\frac{F}{A_2})=(\frac{F}{(\frac{1}{100}\cdot A_1)})=100\cdot(\frac{F}{A_1})$,

다시 말해서 압침 끝이 나타내는 압력은 접촉 면적이 $\frac{1}{100}$로 줄어들면, 100배나 더 커진다. 압정에서 보이는 효과를 그대로 주사기에 옮기면, 피부에 닿은 주사바늘의 끝 단면적과 누르는 힘의 비율인 ($\frac{힘}{끝\ 단면적}$) 에서 발생하는 압력이 크면 클수록 쉽게 피부를 뚫는다. 그래서 종래의 원통형 바늘의 끝을 비스듬하게 잘라주면, 접촉면적은 0에 가깝게 줄어든다.』

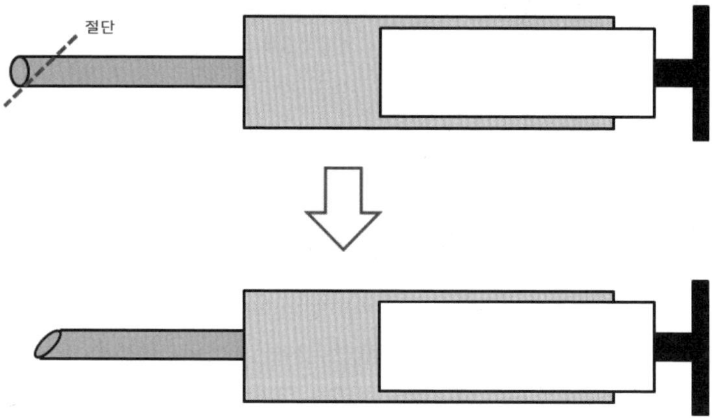

[그림 50] 주사바늘 끝의 형상과 압력

주사의 기능을 생각해보면, 사람의 몸에 필요한 성분을 소화기관을 거치지 않고, 직접적으로 신체에 전달하는 것이 된다. 주사액은 소화기관을 거치지 않기 때문에 피부의 어딘가를 투과해서 피하지방이나 정맥에 주입되어야 한다. 그리고 피부를 투과해서 주사액이 주입될 때, 원래의 원통형 주사바늘에서는 주사바늘의 직경이 커지면, 짧은 시간에 주사가 완료될 수 있고, 주사바늘의 제조가 쉽게 되며, 주사의 관리가 쉽다. 그런 한 편, 주사바늘의 직경이 커질수록 주사바늘 끝의 단면적이 커지면서 주사맞는 사람은 아파서 죽을 지경이 된다. 요컨대 주사효율이 높아진다.

이와 반대로 주사바늘의 직경이 줄어들면, 주사시간이 길어지고, 주사바늘의 제조가 어려워진다. 주사 맞을 때도 바늘 직경이 줄어들수록 바늘이 쉽게 휘거나 부러진다. 장점은 아프지 않다. 요컨대 투과효율이 높아진다.

그래서 주사바늘은 서로 충돌하는 요구들 때문에 바늘의 직경이 일정 크기 이상으로 커야하면서도, 주사바늘의 직경이 일정크기보다 작아야 한다.

주사바늘이 피부에 접촉하는 부분의 단면적이 크면서 작아야 한다. 그리고 이 문제는 바늘에 일정 경사각도의 절단으로 해결이 된다. 직경은 변함이 없지만, 바늘 끝의 피부 접촉면적이 줄어들어서 바늘 끝에 걸리는 압력이 커지기 때문이다. 이것은 주사효율과 투과효율을 동시에 수용한 것이어서 신기술이 된다.

E.4.3. 신기술과 신소재 [배, 비행기]

신기술과 신소재의 사용에 대해

1) 배에 관한 예를 들면,

배는 "부양성 + 이동성 + 적재성을 가지는 수상구조물"인데, 이 정의대로라면 물에 뜨고, 사람과 화물을 실을 수 있고, 움직여서 갈 수 있는 것이 배다. 여기서 배의 전체기능을 그대로 두고, 조건을 변경시켜 물의 표면에서뿐 아니라 물속에서도 운용될 수 있게 하면 이런 배는 "(부양성 + 적재성 + 이동성)을 가지는 (수상 + 수중) 구조물"로 바뀐다. 이렇게 바뀐 조건을 만족시키는 새로운 기능구조의 결과물인 잠수선의 설계는 바꾼 제약조건을 수용한 것이어서 신기술이 된다.

배에 관한 예를 계속하면,

수면에서 10m 높이 이내로 나르는 WIG선(Wing In Ground effect craft)도 그 정의가 "(부양성 + 적재성 + 이동성)을 가지는 (수상 + 공중) 구조물"이 되면서 제약조건이 바뀐다. 그리고 이렇게 바뀐 제약조건을 수용한 설계는 신기술이 된다.

배를 가볍게 하면 속도도 빨라지고, 더 많이 실을 수가 있다. 그러나 배를 가볍게 하기 위해 외판과 갑판, 두께나 부재치수를 줄이면 배가 구조적으로 허약해진다. 그러므로 배의 부재는 가벼우면서도 튼튼해야한다. 기존의 선박은 일반 연강으로 건조되는데, 두께가 두껍고 무거워진다. 이에 비해 고장력강을 사용하면 배가 가벼우면서도 튼튼하다. 신소재는 서로 충돌하는 기능들을 동시에 가진 것을 의미한다. 그래서 목표상태의 전체기능과 제약조건을 유지시키면서도 충돌문제를 해결해준다. 그러나 신소재도 공짜는 아니다. 대부분의 경우, 신소재는 고민해야 할 만큼 더 비싸다. 절묘하게도 사용할까 말까하고 고민해야 하는 바로 그 경계선에서 비용이나 가격이 왔다 갔다 한다. 당연히 신소재의 가격 속에는 "연구개발비"라는 비용 항목이 한자리를 차지한다.

여기서 연강이란 대부분의 배를 건조하는데 사용되는 일반 강판이다. 가격이 싸고, 가공이 편하다. 고장력강은 압축과 인장이라는 누르고 당기는 외부의 힘에 견디는 성질이 더 강한 철판으로 더 얇은 치수로 배를 건조할 수 있다. 그리고 신소재가 모두 그렇듯 비싸다.

2) 비행기의 예를 들면,

양력과 추력의 기능분화로 최초의 비행기가 하늘을 날았는데, 이 비행기를 정의하면 "하늘에 떠 있는 특성(부양성)과 움직이는 특성(이동성), 그리고 사람과 화물을 실을 수 있는 특성(적재성)을 가진 구조물"이 된다.

너무 길기에 줄이면, 비행기는

"(부양성 + 이동성 + 적재성)을 가진 공기 중의 구조물"이 된다. 이를 실현하기 위한 기능구조는 날개에서 양력을 발생시키고, 프로펠러에서 추력을 발생시키는 조합이다.

전체기능을 유지하면서 제약조건을 바꾸거나 기능구조를 바꾸는 것은 신기술이다. 그러므로 이동성을 높이기 위해서 추력을 프로펠러에서 제트엔진으로 바꾸면 이것은 추진장치의 변경요구를 수용한 것이어서 신기술이 된다. 배나 비행기에 대한 잘 알려진 신기술과 신소재의 예를 대비시켜보면 〈표 9〉와 같다.

〈표 9〉 신기술과 신소재의 활용 예

<table>
<tr><th>대상</th><th>신기술
(요구조건의 변경을 수용한 것)</th><th>신소재
(서로 충돌하는 기능을 함께 수용한 것)</th></tr>
<tr><td rowspan="3">배
(수상선)</td><td>잠수선(신기술)
수상운항 요구조건 수용</td><td rowspan="3">고장력강 사용 (신소재) :
가볍고 튼튼한 서로 충돌할 기능의 수용</td></tr>
<tr><td>WIG선(신기술)
공중운항 요구조건 수용</td></tr>
<tr><td>스텔스선(신기술)
탐지전파흡수</td></tr>
<tr><td rowspan="2">비행기</td><td>제트엔진 비행기(신기술)
기능구조 개편 → 추진방식 변경
추진장치 요구조건 변경</td><td rowspan="2">티타늄 + 듀랄루민 사용 (신소재) :
가볍고 튼튼한 서로 충돌할 기능의 수용</td></tr>
<tr><td>스텔스기(신기술)
탐지전파흡수 요구조건 수용</td></tr>
</table>

E.4.4. 시간분리 [동가식서가숙]

『옛날, 어느 마을에 나이 찬 처녀가 있었다. 그 처녀에게 혼담이 있었는데, 마을 동쪽의 총각과 마을 서쪽의 총각이 동시에 혼담을 넣어 왔다. 마을 동쪽 집(동가 : 東家)은 아주 부유했지만 총각이 볼품없었고, 마을 서쪽 집(서가 : 西家)은 찢어지게 가난했지만 보는 사람 다리가 풀리게 총각 생김새가 눈부셨다. 현대식 표현으로는 동쪽 집 총각은 처녀의 개체보존본능을 충족시키고, 서쪽 집 총각은 처녀의 종족보존본능을 만족시킨다. 두 기능이 워낙 중요해서, 처녀의 아버지는 선택이 어려웠다. 그래서 딸에게 물어보기로 했다. 잠시 생각하던 딸은 시대를 앞선 대답을 했다.

"밥은 동쪽 집에서 먹고, 잠은 서쪽 집에서 자고 싶어요!"

잘 알려져 있는 이 우스갯소리는 그냥 버릴 수 없는 의미를 내재하고 있다.』

첫째로, 이것은 동가를 선택하면 서가를 선택할 수 없고, 서가를 선택하면 동가는 선택 불가한 상호배타적 조건의 문제다. 다르게 표현하면, 동가와 서가는 같은 무게의 가치를 갖지만 직접 비교는 불가하다.

두 번째로, 이것은 인간의 본능에 관한 문제다. 인간은 개체보존본능과 종족보존본능을 갖고 있다. 처녀의 아버지는 종족보존본능과 개체보존본능을 저울의 양쪽에 얹어서 보니, 저울이 어느 쪽으로도 기울지 않는다고 느낀다. 그렇지만 둘 중 하나는 선택하겠다고 생각한다.

그러나 당사자인 처녀는 어느 것도 포기할 수 없는 기본 본능(개체보존본능과 종족보존본능)인 요구항목이다. 처녀의 입장에서는 동시에 가질 수 없다면 시간 차이를 두더라도 반드시 둘 다 가져야 한다!

그렇게 되면, 처녀의 명답이 얻어진다. - 식사(개체보존본능의 해소)는 동쪽 집에서 하고, (시간 간격을 두고) 잠자리는 서쪽 집에서 하면 된다. 이것은 명백한 충돌문제해결이고, 충돌의 수용이다.

E.4.5. 공간분리 [다초점 안경]

『삼촌이 나이에 걸맞지 않게 노안이 일찍 왔었다. 원래 근시여서 근시 안경을 사용하는데 원시가 와서 책을 읽을 때 짜증이 났단다.

몇 가지의 선택을 해야 했는데,

ⓐ 눈 수술로 해결할 것인지

ⓑ 안경을 사용할 것인지

에서는 "수술"이라는 말 속에는 "주사"도 틀림없이 들어있다는데 생각이 미치자 지체 없이 ⓑ안경으로 결정을 했다고 한다.

안경의 사용에도 가깝게는 돋보기 안경알을, 멀리는 졸보기 안경알을 써서 안경 2개를 사용하는 Ⓐ분리사용이 있고, 요즈음의 기술이 제공하는 Ⓑ다초점 안경의 사용도 있다.

값은 많이 비싸지만, 멀리 보고 가까이 볼 때마다 근시와 원시 안경을 번갈아 써야 하는 불편함이 없다는 매력 넘치는 안경점원의 말에 삼촌은 스스로 생각해도 봄바람 같은 미소를 띠며 다초점 안경을 선택했단다.』

그러니까 삼촌의 눈은

현재상태 : 멀리도 깨끗하게 보이지 않고, 가까이도 또렷하게 보이지 않는다.

목표상태 : 멀리도 잘 보이고, 가까이도 잘 보인다.

→ 그러므로 원시와 근시는 서로 충돌한다. 이러한 충돌의 해결은 한 렌즈에 멀리도 잘 볼 수 있고, 가깝게도 잘 볼 수 있게 하는 렌즈의 사용으로 충돌의 수용이 가능해진다. 이 문제는 하나의 안경알에서 초점을 서로 다른 위치에(상하로) 배치한 공간분리로 해결된다.

(원시 + 근시) 문제해결 : 안경사용 - 하나의 렌즈에 두 개의 초점을 공간적 분리로 설치한 것이 된다.

E.4.6. 상황분리 [위추부]

『중국 전국시대 진나라 혜문왕(惠文王)의 부인이며 소양왕(昭襄王)의 어머니인 선태후(宣太后)인 미팔자(芈八子)는 혜문왕이 일찍 죽자 적적함을 달래기 위해 위추부(魏醜夫)라는 사내를 곁에 두고 총애하고 있었다. 그러다 선태후가 중병에 걸려 자리에 눕게 되자, "내가 이대로 죽게 되면 위추부를 내 무덤에 함께 묻도록 해라."라고 말했다. 이 말을 전해 듣고 정신이 아득해진 위추부는 변설가인 용예(庸芮)에게 자신이 살 수 있도록 도와달라고 간청했다.

이에 용예는 선태후에게 문병을 가서는 이런저런 말 끝에

"태후께서는 사람이 죽고 나서도 지각이 있다고 생각하십니까?"

하고 운을 떼었다. 이에 선태후는

"뭐 그렇기야 하겠소."

하고 대답했다. 그러자 다시 용예가

"그렇다면 태후께서는 아무런 지각도 없는데 위추부를 데려가서 무슨 소용이 있겠습니까?"

라고 물었고, 선태후는

"그래도 혹시나 사후에 의식이 있을지 모르잖소?"

라고 답했다. 그러자 용예가

"그러시다면, 그래서 사람의 사후에도 의식이 있다면, 먼저 떠나신 혜문왕께서 태후마마를 기다리고 계실 겁니다. 그럴 경우, 선왕께 이것저것 변명하시기도 바쁘실 건데, 언제 위추부를 돌아다 볼 틈이라도 있겠습니까?"

그러자 선태후는 한숨을 쉬며

"그러면 위추부를 그대로 두시오." 하고 앞서 했던 말을 취소했다.』

이 예제는 짧지만 함축된 것이 많다.

문제를 보는 관점에 따라서 "목표상태 디자인"의 "게임"이 될 수도 있고, "충돌문제 해소법"의 "기능 분리 문제"가 되기도 한다. 아니, 이러한 두 가지 해결법이 서로 나눠지는 게 아니라 서로 얽혀있다. 그래서 문제해결의 묘미를 맛볼 수 있게 한다.

이 문제에 접근할 수 있는 몇 가지 해결방식들의 공통토대가 되는 일반적인 문제분석으로 접근을 시작한다.

1) 위추부 문제의 정의(위추부의 입장)

① 현재상태 : 선태후가 죽으면, 위추부는 (꼼짝없이 생으로) 선태후와 함께 묻힌다.

② 목표상태 : 선태후가 죽더라도, 위추부는 선태후와 같이 묻히지 않는다.

2) 위추부 문제의 분석

문제해결을 나타내는 "목표상태"는 "선태후가 죽더라도 위추부는 선태후와 같이 묻히지 않는다."이다. 그런데 이렇게 문제가 해결되려면, 오직 한 사람 선태후의 "내가 죽게 되면, 위추부를 같이 묻어다오!" 라는 말의 철회가 있어야 한다. 그렇게 하려면 누군가가 선태후 자신의 말을 번복하도록 선태후를 설득해야 한다. 그러므로 선태후

에게 나서서 말할 사람의 결정이 문제해결의 첫 번째 의사결정이다. 가능한 선택은 두 가지뿐인데,

① 위추부 자신이 선태후를 설득하든가

② 누군가가 위추부를 대신해서 선태후를 설득 하는 것이다.

①의 경우는, 뜻밖에도 선태후가 위추부의 말을 듣고 생매장을 면해준다는 꿈 같은 경우도 있을 수 있지만, 그보다는 오히려 괘씸죄로 인해서 생매장되기 전에 처형장에 보내질 가능성이 만 배는 더 크다.

그러므로 단 1초라도 더 오래 살고 싶으면, 위추부가 스스로 나서서 선태후를 설득해보려는 위험한 시도는 피하는 것이 위추부 자신의 안녕을 위해서 옳다.

따라서 누군가가 위추부를 대신해서 선태후를 설득하는 것이 보다 안전한 선택으로 남는다.

누군가가 위추부를 대신해서 선태후를 설득하는 경우, 궁내 출입이 가능한 사람이어야만 된다.

궁내 출입이 가능해도 누구나 태후를 만날 수는 없다. 그러므로 태후를 만날 수 있어야 한다. 그리고 태후와 대면하더라도 사안이 남녀간의 일이어서 쉽게 말을 꺼낼 수도 없다.

설득자는 궁내 출입이 가능할 뿐만 아니라, 선태후를 무관하게 만

날 수 있어야 하고, 선태후를 설득할 만큼 변설이 능한 자여야 한다.

이러한 다단계 조건을 모두 충족시키는 사람으로 후보군을 구성한다.

위추부를 대신해서 선태후를 설득할 도우미 후보군을 이루는 사람들은

ⓐ 조건을 만족시키는 사람이 전혀 없거나,

ⓑ 조건을 만족시키는 사람이 단 한 명뿐이거나,

ⓒ 조건을 만족시키는 사람이 2명 이상인 경우로 나뉜다.

ⓐ의 경우, 문제해결 자체가 불가능해져 위추부는 꼼짝없이 죽을 날만을 기다리거나, 신속히 다른 나라로 도망을 가는 방법밖에 없다.

ⓑ의 경우, 후보자가 하나뿐이기 때문에 그 사람 이외에 달리 선택의 여지가 없다.

ⓒ의 경우에는 다수의 후보자 각각의 기회비용 비교를 통해 그 기회비용이 최소가 되는 선택을 하는 것이 바람직하다.

그렇게 해서 선태후 설득의 적임자가 있다고 하더라도, 위추부가 그 설득자를 자기 대신 선태후를 설득해 달라고 설득해야 하는 어려움이 있다. 이렇게 대리설득의 적임자가 찾아지면, 원래의 문제는 설득자가 선태후를 어떻게 설득할지의 문제로 바뀐다. 다시 말해 설득의 문제가 된다.

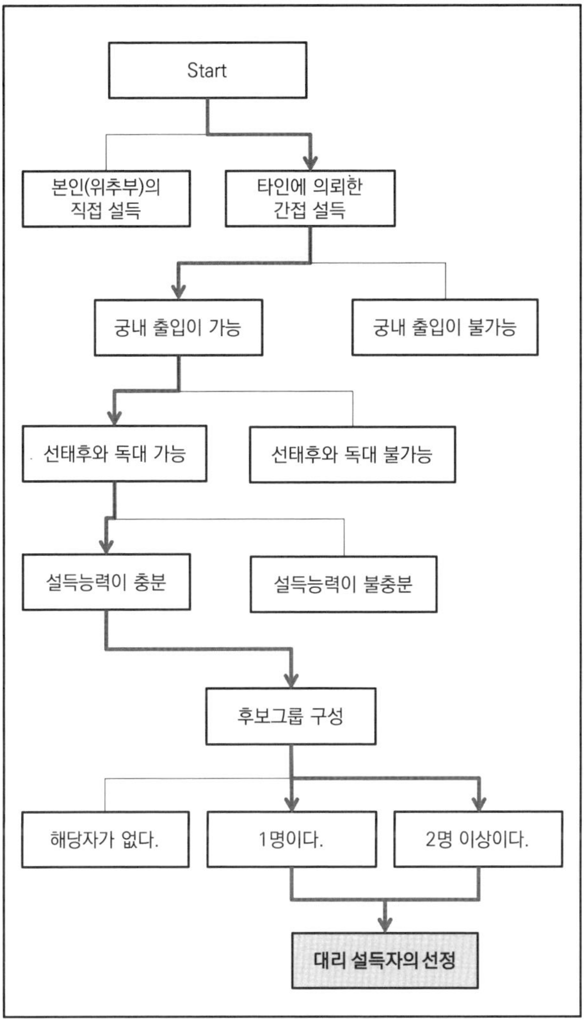

[그림 51] 대리 설득자의 선정

문제의 분석을 요약하면,

① 설득을 하면, 처형장이 기다린다.

② 설득을 하지 않으면, 생매장이 기다린다.

따라서 처형장을 피하려면 설득을 해서는 안 되고, 생매장을 피하려면 설득을 하지 않으면 안 된다. 즉, (위추부는 선태후를) 설득하지 않아야 하면서, 설득해야 한다.

위추부가 살길은 "(선태후를) 설득하지 않아야 하면서, 동시에 설득해야 한다."를 실현시키는 것뿐이다. 그러므로 설득문제를 해결하기 위해 분리의 원칙을 적용해보면, 위추부 자신을 분리시키는 것이 문제해결의 열쇠가 된다.

즉, 위추부는 자신을 물리적 실체와 정신적 실체로 분리해서 나누고, 각각의 실체가 안전할 수 있으면서 해야 할 일을 분담시킨다.

정신적 실체는 선태후를 설득하고, 물리적 실체는 정신적 실체를 찾아내어 자신의 입장을 대신에서 선태후를 설득해달라고 설득한다.

분석이 이 단계에 오면, 바보라도 해답을 알게 된다. "위추부 자신이 직접 나서서 선태후를 설득하는 대신에 위추부 자신의 입장을 완벽히 대신하는 사람을 설득의 대리인으로 활용하면 된다."

3) 정신적 위추부의 선임

- 선임조건
  - ⓐ 왕궁 출입 가능자
  - ⓑ 선태후 알현 가능자
  - ⓒ 설득력이 있는 자
- ⓐ+ⓑ+ⓒ 통과자 ⇒ 용예를 대리 설득자로 선정

4) 설득의 문제

현재상태 : 선태후가 위추부의 동반매장을 지시한다.

목표상태 : 선태후가 위추부의 동반매장 지시를 철회한다.

〈미끼사용원칙의 적용〉

① 밑밥깔기

용예 : "태후께선 사람이 죽고 나서도 지각이 있다고 생각하십니까?" (개체보존본능에 대한 자극)

태후 : "뭐 그렇기야 하겠소. (사후의 상황에 관심 이동)

② 압박

용예 : "그렇다면 태후께서는 아무런 지각도 없는데, 위추부를 데려가서 무슨 소용이 있겠습니까?" (압박)

태후 : "그래도 혹시나 사후에 의식이 있을지도 모르잖소?" (압박에 반응)

③ 강요

용예 : "사람의 사후에도 의식이 있다면, 먼저 떠나신 혜문왕께서 기다리고 계실 겁니다. 그럴 경우, 선왕께 이것저것 변명하기도 바쁘실 텐데 언제 위추부를 돌아다 볼 틈이라도 있겠습니까?" (강요)

태후 : "그러면 위추부를 그대로 둡시다." (강요에 반응)

④ 챔질

용예 : "현명하신 말씀입니다!" (챔질)

문제가 해결된다.

E.4.7. 기능분리 [경식비행기]

『기능분리의 예는 이카루스의 이야기로부터 시작할 수가 있다.

새처럼 하늘을 날고 싶은 인간의 소망을 기저에 깔고 있는 그리스의 신화는 다이달로스의 아들 이카루스의 비극적 비행에 대한 이야기로 유명하다. 이카루스의 비극은 두 가지를 우리에게 알리고 싶어 한다.

그 첫 번째 메시지는 최고의 진실 −절대의 진실−에 가깝게 접근하는 것의 위험성에 대한 경고다. 이카루스는 날아오르는 즐거움에 점점 더 태양에 가깝게 솟아오른다. 다른 말로 하면, 하늘 높이 있는 태양(절대적 진실)에 접근한 것이다. 세속의 경험이 축적된 아버지 다이달로스의 애타는 경고를 무시한 대가는 새의 깃털을 붙여놓은 밀랍이 녹아내려 날개를 잃은 (절대의 진실에 의한) 추락이었다. 공자님이 아득한 옛날에 "군자는 위험한 담장 아래 서 있지 않는다."고 말씀하셨다. 요즈음 말로 하자면, "신사는 절대의 진실 가까이에서 어슬렁거리지 않는다." 정도 될 것인데, 우리가 타고 난 그놈의 호기심 때문에 군자는 위험한 담장 아래 조금만 더 있고 싶어지고, 신사는 절대의 진실 조금 더 가까이에서 어정거리고 싶어지는 것 같다.

이카루스 비행 실패의 두 번째 메시지는 새의 깃털로 만든 날개라는 기술적 산물이 갖는 불완전성과 비행의 불가능성에 대한 것이다. 이카루스의 날개는 하늘을 날아가는데 필수적인 두 가지 기능 −양력과 추력－을 합쳐서 동시에 작동하도록 하고 있다. 이것은 날아가는데 필수적인 두 가지 기능인 뜨는 기능과 움직여 갈 수 있는 기능을 동시에 발현시키려는 시도가 쉽지 않다는 것을 알려준다. 비행의 실현은 두 기능을 분리시켜 구현했던 라이트 형제에 의해서 가능해졌다.

여기서 우리는 공기 중을 나르는 비행체를 정의해 보자.

비행체 : 공기 중에 떠 있을 수 있는 양력과 출발 위치에서 목표 위치로 이동할 수 있는 추진력을 함께 갖춘 구조물

모든 정의가 그렇듯 여기에도 전체기능과 이에 따르는 필수적 제약이 들어있다. 여기서 전체기능은 양력과 추력(추진력)이고, 제약은 물이나 땅에서 운용되는 것이 아니라 공기 중에서 운용되는 구조물이라고 명시되어 있다. 따라서 공기 중을 나르는 비행체의 필수기능은 양력과 추력의 두 가지가 된다. 그런데 이카루스의 전설에서는 새의 깃털을 갖다 붙인 날개로 양력과 추력을 동시에 구현시키고 있다. 그리고 이 이야기는 후세의 사람들에게 기능분화를 시도할 수 없게 하는 선입관을 주었다. 그렇게 해서 2천 년이 훨씬 넘게 의미 있는 비행체는 개발되지 않았다. 그러다가 라이트 형제가 양력을 날개에, 추력을 엔진에 나누어서 [그림 52]의 기능구조처럼 기능분화를 시킨 그 순간을 기점으로 인간의 비행을 가능하게 하는 경식비행기의 시대가 열렸다.」

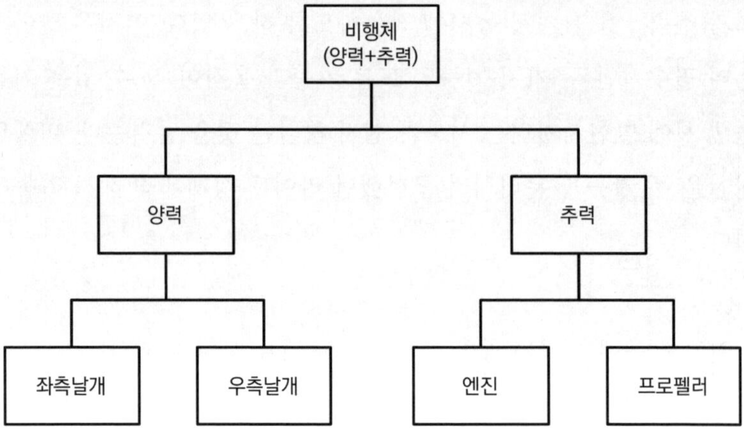

[그림 52] 최초 비행체의 기능분화

E.4.8. 절충 [세뱃돈]

『아버지가 서울에서 공부하는 딸과 아들을 출장길에 만나기로 한다. 첫째인 딸에게 뭐 필요한 게 없냐고 물었더니 이번 학기에는 용돈이 좀 더 필요하다고 한다. 그래서 얼마쯤이냐고 물었더니 700만 원이란다. 아내 몰래 쓸 수 있는 게 1,000만 원이 있어서 딸에게 "알겠다!"고 약간 모호한 대답을 하고는, 둘째인 아들에게 전화를 했다. 그런데 아들도 600만 원이 필요하다고 한다. 아버지는 갑자기 난감해졌다.』

가진 것은 1,000만 원인데, 딸은 700만 원이 필요하다고 하고, 아들은 600만 원이 필요하다니 필요액수는 1,300만 원이 된다.

그래서 초과액수 300만 원을 둘로 나누어, 딸과 아들에게서 150만 원씩 깎기로 했다.

딸에게 (700-150) = 550만 원

아들에게 (600-150) =450만 원

을 주기로 절충했다.

절충에는 기준이 하나 있다. 우리 속담인데, "우는 애 젖 준다."

E.4.9. 충돌문제의 사례 비교

충돌내용 / 문제	충돌문제	충돌요소	문제해결	해결원리
주사바늘의 개량	주사효율을 높이면, 투과효율이 떨어진다.	주사효율성	주사바늘 끝을 경사지게 절단	신기술
	투과효율을 높이면, 주사효율이 떨어진다.	투과효율성		
배, 비행기	부재의 두께를 줄이면 가벼워진다.	가벼워야 한다.	가벼우면서, 튼튼한 신소재 사용	신소재
	부재의 두께를 키우면 튼튼해진다.	튼튼해야 한다.		
동가식 서가숙	부유한 총각을 선택하면, 매력적인 총각을 선택하지 못한다.	개체보존 본능	낮에는 부유한 총각, 밤에는 매력적인 총각	시간 분리
	매력적인 총각을 선택하면, 부유한 총각을 선택하지 못한다.	종족보존 본능		
다초점 안경	멀리 볼 수가 없다.	근시	하나의 렌즈에 두 개의 초점	공간 분리
	가까이 볼 수가 없다.	원시		
위추부	설득을 하면 처형장	설득	육체적 위추부와 정신적 위추부를 분리	상황 분리
	설득을 하지 않으면 생매장	비설득		
경식비행기	양력을 얻으면 추력을 얻을 수 없다.	양력	양력은 날개에서, 추력은 추진기에서 얻는다.	기능 분리
	추력을 얻으면 양력을 얻을 수 없다.	추력		
세뱃돈	부족한 돈	딸의 요구	딸에게 얼마 아들에게 얼마	절충
		아들의 요구		

E.5. 시행착오 그룹

E.5.1. 시행착오법 [병목이의 일기 ①]

『병목이의 일기에서 발췌한 것인데, 병목이의 행적을 들여다보자.

[병목이의 일기 ①]

우리가 이 동네로 이사 온 것이 지난 2월 2일이니, 벌써 넉 달이 지났다. 동네는 아주 깨끗하고 강이 내려다보이며 조용해서 좋다. 그런데 얼마 전부터 새벽이 되면 내 마음이 설렌다. 그것은 3주일 전 어느 날, 아침 일찍 눈이 떠져서 뒷산으로 올랐다가 오려고 우리 집 개 독구를 데리고 집을 나섰을 때부터다.

내가 독구의 목줄을 잡고 뒷산으로 가는 길에서, 새벽인데도 학교로 가는 듯이 보이는 여학생이 독구에게 겁을 먹고 담벼락에 딱 붙어서서 꼼짝을 못하고 있었다. 그래서 조금은 미안한 마음으로 그 여학생을 본 순간, 번개가 나를 후려쳤다. 어떤 말로도 그 순간의 느낌이 표현되지 않고, 그냥 번개에 맞은 것이라고 밖에 말할 수가 없다. 그래서 다음날부터 오늘까지 새벽마다 일어나 독구를 끌고 그 시각에 맞춰서 뒷산으로 간다. 오늘처럼 그 골목에서 여학생을 마주친 날은 기쁘면서도 아쉽고, 허탕을 친 날은 너무 허전해서 다리 힘이 풀린다. 요컨대 내 마음이 어수선하다.』

→ 병목이는 무엇 때문에 기쁘면서도 아쉽고, 허전하면서도 감미로운가?

그 여학생과 스쳐 지나갈 때, 병목이와 그 여학생은 서로 철저히 모르는 사이임을 강조한다. 병목이는 애꿎은 독구의 목줄만 감아채고, 그 여학생은 굳은 표정으로 동작을 정지해서 병목이와 독구가 지나가기를 기다린다. 이대로라면 10년을 새벽마다 만나도 서로 노상강도 조심하듯 거리를 둘 것이다.

[병목이의 일기 ②]

더 이상 견디기 힘들다. 어떻게든 이런 심적인 긴장에서 벗어나야만 살 것 같다. 그 여학생은 이름도 모르지만 귀동냥을 해서 사는 집과 부모님이 무엇을 하시는지는 짐작을 한다. 그 여학생을 생각하면, 내 마음이 활의 현이 되었다가 바이올린의 현이 되었다가 한다. 마음은 그에 따라 강력하게 긴장되었다가 감미롭게 울리기도 한다. 그래서 아무것도 손에 잡히지가 않는다. 오늘은 큰마음 먹고 베테랑을 찾아갔다. 베테랑은 남녀 간의 외교문제에도 적절한 조언을 해주실 게 틀림없다.

→ 베테랑의 조언

병목아, 그렇게 백날이 아니라 백 년을 새벽마다 마주치더라도 네가 움직이지 않으면 그 여학생에게 너는 너희네 강아지와 동급이다. 그러므로 무언가를 시도해야 하는데, 이것도 분명한 문제 －남녀 간의 외교문제－ 이므로 현재상태와 목표상태의 규정이 필요하고, 그다음으로 해결방안의 선정과 실행이 필요하다.

"문제"가 뭐라고 하더냐? "문제"는 현재상태와 목표상태의 차이라고 했었다. 이에 따라 문제를 정의 해보자.

현재상태는 병목이 너와 그 여학생은 매일 새벽에 서로 1m 거리로 스쳐지나가지만 심리적 간격은 100m쯤 되어서 서로 경계하고 조심하는 상태다. 그러므로

현재상태 : 서로 모르는 사이 – 서로 모르는 사이임을 강조하는 사이!

현재상태가 이럴 때 목표상태를 어떻게 두면 긴장은 풀리고 감미로움은 더 번져 넘치겠냐? 뭐라고? 대장부가 아랫배에 힘을 주어 분명하고 명료하게 말해야지. 그렇게 입안에서 우물거리면 어디 쓰겠냐? 그래, 좋다! 남이 없는 데서는 서로 끌어안는 사이라니 솔직하고 바람직한 목표상태다. 그렇지만 그렇게 바로 쇠뿔을 뽑으려 하기보다는 중간 단계에 중간 목표상태를 만들어 보는 게 더 좋을 것 같은데? 그래, 그게 좋겠다! 서로 마주치면 인사하고, 다른 사람 안 보이면 서로 손바닥을 치고 가는 정도! 그렇다면 이렇게 문제를 정의하자.

현재상태 : 서로 모르는 사이임을 강조하는 사이
– 아예 모르는 사이보다 더 어색하고 불편한 사이
목표상태 : 서로 인사하는 사이
– 남이 안 보면 손바닥 치고 가는 편안한 사이

이렇게 병목이의 일기에 나타난 병목이의 문제에서 현재상태와 목표상태와의 차이를 없애서 문제를 풀기 위해서는 목표상태를 현재상태에 끌고 와서 병목이의 젊은 꿈을 뭉개거나, 아니면 현재상태를 바꾸어서 목표상태에 접근시키는 시행착오법을 쓸 수가 있다. 이

렇게 현재상태를 지속적으로 바꾸어보고, 이렇게 변화된 현재상태를 새로운 현재상태로 삼아서 다시금 목표상태에 접근시키기 위해서는, 우선적으로 현재상태의 개선방법이 있는지를 확인하여야 한다. 그래서 있다면, 그 방법들 중 가장 간단한 방법(기회비용 최소의 원칙, 오컴의 면도날 원칙)을 선정하고 실행시킨다. 아우구스투스가 "Slow but Sure!"라고 한 것은 오로지 2000년 뒤의 병목이를 위해서였다.

병목이의 소박하고 건실한 목표상태에 현재상태를 접근시키기 위한 가장 간단한 시작은 속된말로 "인사를 트는 것!"이 된다. 그리고 인사 중에서 가장 간단하고 에너지 투입이 적은 것은 말 한마디 하지 않고 눈만 껌뻑이는 눈인사가 될 것이다. 그래서 시행착오에 의한 현재상태 개선의 첫 행동은 눈을 맞춰 보내는 눈인사로 선정했다. 이것은 실로 최소의 기회비용을 요구한다. 인사말 하는 에너지 투입마저 절약하고 눈만 갖다 붙여서 깜빡이는 것을 그림으로 나타내면,

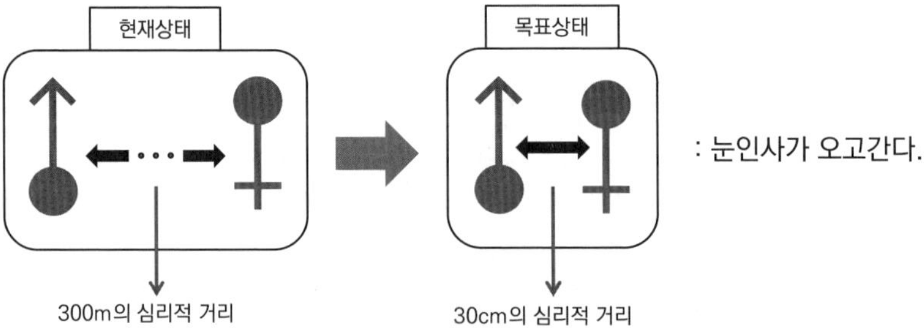

[그림 53] 현재상태와 목표상태

[그림 53]의 왼편은 현재상태를 나타낸다. 두 사람의 심리적 거리는 300m 이상으로 서로 간에 거북하고 불편하여 서로 거북한 사이임을 온몸으로 강조하는 상태다.

[그림 53]의 오른편은 목표상태를 나타낸다. 두 사람의 심리적 거리는 30cm 정도로서 서로 만나면 반갑고 편안하다. "눈은 마음의 창"이라는 말처럼, 마음은 눈이라는 창을 통해서 바깥을 내다본다. 그리고 아무리 멀어도 서로 눈이 마주치면 서로는 서로를 본 것이다. 그러므로 눈으로 눈 맞추기를 시행착오의 첫 수순으로 선택하는 것이 나쁘지 않다고 생각했다.

베테랑의 "눈 맞추기" 전술은 어눌한 병목이에게는 말을 하지 않아도 된다는 장점도 덤으로 안긴다. 그렇게 해서 눈인사를 시작하고, 일주일인지 열흘인지 뒤에 병목이가 처음으로 입을 떼어 "안녕하세요!"라고 2단계 작전을 열었다. 그런데 그 여학생은 그냥 지나갔고, 병목이는 자신이 독구와 여전히 동급임을 절감했다. 그 다음날도 그랬고 그 다음다음날도 또 그랬다. 그래도 병목이는 입으로의 아침 인사를 지속했다.

학교에서 베테랑에게 그 여학생에게 눈인사도 안 통한다고 푸념을 했더니, 갑자기

"병목이의 인문학적 토대가 어느 정도인지 궁금해지네. give and take의 참교육 - 아니, 참의미가 뭔지 말해줄래?"

하고 기습을 했다.

그리고는 병목이의 대답을 기다리지도 않고,

"Give and take란, 먼저 주고, 그런 뒤에 받아야 된다는 거지! 네 이름도 모르는데 자기 이름을 알리겠냐?"

병목이는 다시 한번 감탄했다.

"평범한 일상적 속담이나 격언에서 저토록 실용적이고 의미 깊은 해석을 한다니. 저 정도는 되어야지!"

병목이는 베테랑이 점점 더 좋아지면서, 그만큼 더 어려워졌다.

그러다가 다음 날 "안녕하세요?" 대신 "나는 김병목!"하고 투구 폼을 바꾸었다. 그리고 처음으로 픽 웃는 웃음을 그녀의 얼굴에서 보았다. 열쇠가 걸쇠를 돌린 것이다.

이렇게 해서 병목이의 현재상태는 중간 목표상태에 도달할 수 있었다.』

이것이 시행착오법의 첫 번째 예이다.

관련된 격언은 "시도가 없으면 얻는 것도 없다"로서 본뜻은 "시행착오로 현재상태를 바꾸어라!"이다.

그리고 다음의 격언은 당연히 "give and take"다. 이 말의 깊은 뜻은 눈인사건, 입인사건, 친절이건, 주먹이건, 먼저 주어야 뒤에 더 많이 받는다는 뜻이다. 그러니 이것은 "시행착오법"을 위한 맞춤형 격언이다.

E.5.2. 시행착오법 [도구의 개발]

『시행착오에 의한 문제해결의 다른 예는 우리들 인류의 조상들이 사용했던 도구의 개발에서도 볼 수 있다. 우리들의 손은 나무 위에서의 생활로 인한 환경압력에 적응하여 서로 맞보는 엄지와 나머지 네 손가락이 있다. 특히, 엄지와 검지의 맞보는 배치는 도구 사용에 결정적 장점을 제공한다. 말하자면 선적응 진화다.

우리의 선조들은 처음에는 돌들 사이에서 모서리가 있는 것을 골라서 칼과 가위와 도끼의 겸용으로 사용하다가 모서리나 날이 무뎌지면 새것을 골라서 사용했을 것이다. 그런데 그렇게 찾아서 쓰려면 각진 돌멩이가 필요한 바로 그 시점에, 바로 그 장소에서 찾는 게 항상 가능하지 않았을 것이다. 대안은 가지고 다니는 것인데 오늘날처럼 호주머니나 자루가 있었다면 그래도 덜 불편하지만 거추장스럽게 늘 들고 다닐 수도 없었을 것이다. 그래서 우리의 조상들은 소박하지만 중요한 문제에 직면했다.』

〈문제①〉

현재상태 : 필요한 때, 필요한 장소에서 각진 돌을 찾기 어렵다.

목표상태 : 필요한 때, 필요한 장소에서 각진 돌을 찾는다.

이것은 돌을 서로 두드려서 깨어질 때 나타나는 모서리나 각진 부위를 칼-가위-도끼로 사용하는 것이다. 이러한 돌로 된 도구를 때려서 깨뜨려 만든다고 타제석기라 부른다. 이렇게 문제가 해결되자 다음 단계의 문제가 새로 등장했다.

〈문제②〉

현재상태 : 타제석기의 날을 더 길고 날카롭게 할 수 없다.
목표상태 : 타제석기의 날을 더 길고 날카롭게 할 수 있다.

이 문제는 우연히 어떤 천재가 돌을 서로 부딪쳐 깨뜨릴 때 한 번은 이쪽에서, 다음번은 저쪽 반대편에서 두드리면 깨어질 때 날이 더 길고 날카롭게 선다는 것을 발견했다. 그렇게 해서 문제②가 해결되었다. 그러자 다시 새로운 문제가 찾아왔다.

〈문제③〉

양쪽에서 때려서 날을 세우면 돌칼이나 돌도끼의 날이 삐뚤어진다. 이것을 바르게 만들면 칼의 기능이 훨씬 높아진다. 그래서
현재상태 : 타제석기의 날이 바르지 않다.
목표상태 : 타제석기의 날이 바르다.

이것은 경제 성장이 있어서 사회 잉여가 생긴 뒤에 널리 퍼졌을 것이다. 수렵, 채집의 틈틈이 돌칼이나 돌도끼의 날을 더 야무진 돌에 갈아서 세우는 것이다. 이러한 도구를 갈아서 만들었다고 마제석기(간석기)로 부른다. 인간의 욕심은 끝이 없어서 이제는 애써 만든 도구가 부러지지 않았으면 하고 희망했다. 이 문제는 시행착오로도 해결되었지만 그보다는 신기술-신소재의 사용이라고 분류해야 더 마음 편하다.

E.5.3. 시행착오법 [윈드서핑]

『시행착오에 의한 문제해결의 다른 예는 생명활동을 하는 우리들의 몸에서도 볼 수가 있다.

돌이 되어서 첫걸음을 뗀 어린 아기들을 보면 한 발짝 내딛다가 자빠지고, 또다시 내딛다가 자빠지기를 반복한다. 아마 1000번은 그럴 것이다.

여기서 아마 1000번은 그럴 것이라고 했는데, 베테랑이 학생 때의 어느 여름날, Wannsee의 강변에서 윈드서핑을 하는 사람들을 보다가 곁에 있던 Andreas Kraus에게

"우리 저것 배울래?"

했더니, Andreas가

"1000번은 물에 자빠져야 저렇게 탈 수가 있게 된다더라."

고 대답했다고 한다.

서핑보드에 오르다가 자빠지고, 올라왔다가 자빠지는 시행착오를 1000번 정도 거듭하면서, 몸이 균형을 익혀야 된다는 말이었다.

그 말에 베테랑은 입을 닫고, 아무 말도 안 했다.

Andreas도 대꾸를 기다리는 기색은 전혀 없었다.

몇십 년이 지난 지금도 한국과 독일을 오가며 Andreas와 베테랑은 서로 만나는데, 윈드서핑 이야기는 해본 적이 없다.』

E.6. 문제해결원리에 의한 예측 [미국과 중국의 상호관계 전망]

문제해결의 원리를 가지고 앞으로의 전망. 특히, 세계사적인 관심사를 갖게 하는 미·중 문제를 살펴본다.

『미국과 중국은 같은 특성과 다른 특성을 갖고 있다. 이러한 특성의 차이를 해양세력과 대륙세력이라고 펠로폰네소스 전쟁에서 유래된 용어로 구분하기도 하지만, 그것보다는 제한된 자원의 통제권을 가지려는 경쟁으로 보는 것이 더 편리하고 정확하다.

미국과 중국은 한 나라가 대륙의 크기에 준하는 영역을 갖는다. 그래서 각종 자원과 노동력이 충분히 많고, 내수시장이 어마어마하다. 그리고 다양한 인종으로 이뤄져 있으며, 미국은 연방으로 되어있고, 중국은 자치구들을 갖고 있다.

미국은 철저한 경쟁 사회여서 능력만 있으면 대우받는다. 그리고 세계 각국으로부터 모든 분야에 경쟁력 있는 것들은 다 끌어들인다. 예를 들면, 인도의 뛰어난 수학자뿐 아니라, 세계의 경쟁력 있는 조직폭력단도 미국이라는 토양에서 꽃을 피운다. 중국은 경쟁 사회이면서 장유유서의 유교적 질서관이 유지되고 있다. 이것은 미국과 중국의 기능구조 조합을 다르게 만든다.』

여기서 잠시 옛날이야기를 하나 인용하면, 고대 중국의 주나라가 중국을 통치할 때, 주공이 봉건제로 나눠준 나라들이 어떻게 통치되는지를 조사했다. 그 결과로 특히 두 나라가 서로 비교되었다. 태공망 강태공에게 맡긴 제나라는 신분보다 능력을 인재채용의 기준으로 삼았다. 그것에 대해서 주공이 평을 한다. "능력 위주로 인재를 쓰면, 나라는 점점 더 부강해질 것이다. 그렇지만 실력 있는 신하에게 권력을 뺏길 것이오!"

그리고 뒷날 공자가 태어난 노나라는 능력보다 신분과 장유유서를 중요시한다고 했다. 이에 대해서 주공은 "노나라는 시간이 갈수록 나라가 약해질 것이오. 그렇지만 나라가 망하는 마지막까지 권신에게 정권을 뺏기지는 않을 것이오."라고 했다.

미국은 능력을 우선하면서, 국력을 키웠다. 그리고 이러한 능력 위주의 체제가 갖는 위험요소인 새로운 실력자에 의한 권력 교체의 혼란을 대통령의 8년까지의 통치로 예방하고 있다. 중국은 미국만큼 권력의 교체과정이 투명하지가 않다.

미국과 중국의 강점을 정리하면, 미국과 중국은 큰 영토, 많은 노동력과 자원, 시장경제의 장점을 도입하고 있다. 그리고 다인종 국가다.

미국과 중국의 다른 점을 번호를 부여하여 열거한다.

1. 미국과 중국의 주요세력은 백인과 황인으로 피부색과 문화가 다르다.
2. 미국은 대서양과 태평양을 좌우에 두고 있으며, 대서양으로는 영국, 태평양으로는 일본을 가라앉지 않는 항공모함으로 사용한다.

중국은 러시아, 일본, 베트남, 필리핀, 인도에 막힌 위치에 있다.

3. 미국은 영국, 캐나다, 호주, 뉴질랜드, 일본이라는 분리 불가한 동맹이 있다. 중국은 없다.
4. 모든 시스템(특히, 국가 시스템)이 필요로 하는 물자, 에너지, 정보의 통로에 대한 압박수단인 군사력(특히, 해군과 공군력)에서 미국과 중국은 격단의 차가 있다. (미국은 상대방의 물자, 에너지, 정보 통로를 차단할 수 있는 군사력이 있다.)
5. 에너지(특히 액체 에너지)의 공급원을 미국은 자국 내에 갖고 있지만, 중국은 멀리 두고 있다.

크게 비교한 이런 차이는 국가의 기능구조와 물자, 에너지, 정보의 흐름 구조를 다르게 한다. 그리고 이 상황에서 경쟁을 시작한다.

세상의 문제에는 5가지 그룹이 있다.

① 논리적 추론으로 다룰 수 있는 문제

② 목표상태 디자인으로 다룰 수 있는 문제

③ 충돌문제

④ 유해요소 처리로 되는 문제

⑤ 시행착오로 처리되는 문제

미국과 중국 간의 문제는 제한된 물자, 에너지, 정보에 대한 통제권이라는 위치(국제 정치의 니시(Niche))를 가지려는 충돌이 된다. 그리고 상대방은 제한된 물자, 에너지, 정보에 대한 통제권에 대한 유해요소이기도 하다. 그래서 미국, 중국의 문제는 외형은 충돌문제지만 내면은 유해요소 작용이 더 강하다.

먼저, 충돌문제로 살펴본다. 모든 충돌은 기능구조 조합의 보다 높은 단계에서 주어지는 제한된 자원 때문에 나타난다. 그리고 이 경우에 제한된 자원은 물자, 에너지, 정보의 통제권이다. 그 통제권을 둘로 만든다면 충돌은 없어진다. 그러나 그렇게 하면 통제권이 통제권이 아니다. 따라서 세계 2강으로의 구도는 현실성도 실현성도 없다. 충돌은 피할 수 없다는 의미다.

충돌이 지속될 때의 미국의 관점과 중국의 대책은 서로 상반된다.

이 문제의 성격이 충돌과 유해요소가 겹친 것이므로 중국은 미국에 대해서 자원의 할당을 높여달라고 할 것이다. 이것은 중국의 영향력이 묵인되는 역사적 영역을 인정하자는 것이 된다. 한국, 베트남이 그 대상이다. 자원의 할당은 세계의 여러 기구가 갖는 국제 규제를 느슨히 하자는 것으로도 나타난다. WHO나 IMO 같은 국제기구의 규제조항들은 물자, 에너지, 정보의 통제이기 때문이다.

미국은 중국의 입장과 정반대다. 국제기구의 규제조항을 더 엄격히 하자고 할 것이고 한국과 베트남뿐 아니라 대만의 보호도 강화할 것이다. 그러면서 상대방의 국가에 대한 기능구조 조합을 들여다보면서 기능들이 합쳐지는 접합점에서의 충돌을 비교하고, 어떤 자원을 규제하면 심각한 내부충돌이 발생할지를 찾아내고, 윗단계의 자원규제를 실행하거나 압박할 것이다.

당연히 군비경쟁이 강화된다. 일차적으로는 상대방의 자원운송로에 대하는 위협이면서 경제의 성장을 저해시킬 수 있기 때문이다.

뿐만 아니라 중국이 사용하는 물자와 에너지 외에 정보영역에 대해서도 압박을 강화할 것이다.

나머지 유해요소는 미국과 중국이 갖는 인종문제다. 서로는 서로의 약점으로 상대를 약화시키려 한다. 중국은 미국의 유색인종(특히, 흑인)의 인권과 차별을 선동하고, 미국은 티베트를 분리시키고, 위구르 지역에도 기름을 부을 것이다. 대외정치에서도 서로의 약점을 공격한다. 미국은 중국의 남중국해 진출을 막을 것이고, 중국은 미국의 동맹들에 대한 군사비 떠넘기기를 제국주의의 전횡으로 몰아갈 것이다. 군사동맹국에 대한 미국의 보호비 요구는 Delos 동맹을 와해시킨 아테네의 실수처럼 미국에게도 약점이 될 것이다. 그렇지만 다른 특별한 상황변화가 없으면, 미국이 중국을 압도한다. 그래서 미국의 자원통제권이 확립되면, 로마가 지중해 세계의 제패 시에 북아프리카와 스페인, 그리고 그리스에서 보여준 경고가 재현될 수 있다. 잠재적 도전 국가인 중국과 러시아 그리고 일본의 코앞에 있고, 그러면서도 중요한 통상로에서 벗어나 있는 곳에서 본보기를 찾을지도 모른다.

대화14 Schwarzschild radius

마지막 예제까지 그림 번호를 확인하며 고치던 병목이는 괴롭던 이 작업이 끝난다는 기쁨을 미리 즐기는 표정이었다.

마지막 예제는 바로 "병목이의 일기"여서인지 처음부터 다시 읽기 시작했다. 그러다가 갑자기 눈길이 멈추면서 입이 오물거린다.

"왜, 뭔가가 말하고 싶은 입인데?"

"제가 독구 데리고 아침 산보 갈 때 만나는 여학생이."

"그래서?"

"1m 떨어졌지만 100m의 심리적 간격이라는 것은 실제로 맞습니다. 그런데."

"그런데?"

"바로 다음에 심리적 거리는 300m인데, 30cm가 되게 하는 걸 목표상태로 하자고 했습니다. 어느 것을 고치면 되겠습니까? 그리고 1m와 100m는 좋은데 페이지가 달라지니 왜 갑자기 30cm가 나옵니까?"

"어라, 병목이가 갑자기 대단해지기 시작했네?"

"제 걱정보다는, 혹시?"

"여전히 멀쩡하다. 나는."

"그런데 왜 이빨이 안 맞습니까?"

"골목에서는 1m 떨어져 지나간다니 1m를 그대로 썼다. 그리고 심리적 거리의 목표상태가 300m에서 30cm인 것도 맞다."

"…?"

"너는 지금 새벽의 여학생 -아니지, 네게는 Eos겠지- 에게 들러붙으려고 눈물겨운 노력을 하는 중이지?"

"선생님 표현이 좀, 아니, 너무 베테랑답습니다. 저도 체면이 있는데."

"내가 자란 동네에서는 이 정도 표현이면 아주 배려한 특급 대우인데도?"

"그래도 들러붙는다는 표현은 다르게 바꿔 주시면."

"그래 알았다. 새벽의 여신이 블랙홀처럼 너를 끌어당긴다고 할게."

"그것도 좀."

"그 여학생이 블랙홀인 것 맞지? 그 여학생은 자신의 Schwarzschild 반경 안으로 병목이를 끌어당기고, 우리 병목이는 안 끌려가려고 버티는 중이네. 그런데 남녀 간에는 심리적 Schwarzschild radius가 있어서 그 반경 안으로 들어가면 블랙홀에 영원히 갇힌다더라. 그런데 그 반경이 바로 30cm 라더라!"

"누구한테서 또 그런 심오한 이론을 들으셨습니까?"

"Ca(sanova) 선생에게서!"

대화 15 님프의 가치

책이 마무리되니, 베테랑도 병목이도 어쩐지 느긋하다. 공자님인지 맹자님인지 말씀하셨다는 "소인이 한가하면 나쁜 짓만 생각한다."던 말이 떠오르자, "픽"하고 베테랑이 웃었다. 그 웃음에 놀란 병목이가 왜 웃으시냐고 나름대로의 항의를 했다. 그 항의에 베테랑의 반응이 없자, 병목이가 히든카드를 꺼내 벼르던 질문을 했다.

"선생님, 심심하실 때 여쭤보려던 건데."

"병목이 목소리가 한 음이 올라갔네! 무슨 질문인데 저리 긴장하지? 저만큼 긴장된 활이 있다면 아무리 먼 표적이라도 맞출 수 있으리라!"

"또 니체 말을 슬쩍 가져오신다."

"병목이도 대단해졌네! 그래, 무슨 질문인데?"

"여자친구의 소중함이 수치로 환산될 수 있겠습니까?"

"그야 물론이지. 어떻게 그런 게 히든카드 질문이냐? 역시 병목이를 과대평가하고 있었네."

"혹시 생각해보지도 않고 대답부터 하신 게 아닙니까? 제가 보기에는 그토록 대답이 빠를 수 없는데, 그렇게 빠른 응답은 미심쩍기 짝이 없습니다. 나도 모르겠다는 배짱 대답하시려는 것 아닙니까?"

"나도 놀랐다. 병목이가 그토록 아끼던 문제가 이토록 시시할 줄은 정말 몰랐다니까!"

"그러면 제가 알아들을 수 있게 설명해주십시오."

"좋다! 병목이네 집에 밭이 있는데 매년 그 땅에서 경작된 시금치나 양파, 고추 등등이 연간 2,000만 원 정도 생산된다. 그러면 그 밭은 현재 시세가 얼마나 될까? 참고로 연간 이자율은 2%다."

"갑자기 왜 엉뚱한 질문을 하십니까?"

"논이나 밭, 산이나 건물, 교량이나 터널의 가치를 알고 싶을 때가 없어? 저수지나 댐의 가치가 궁금한 적이 없어?"

"왜 갑자기 다른 방향을 타십니까?"

"그냥 설명할게. 논이나 밭, 교량이나 댐은 매년 소득을 낸다. 그것은 마치 일정액을 은행에 예금하고 이자를 받는 것과 같다. 그리고 원금-이자율-이자의 관계는 누구나 안다.

원금 × 이자율 = 이자액

여기서 이자율을 알면,

↷ 원금 = $\frac{\text{이자액}}{\text{이자율}}$이 된다.

예를 들어, 병목이네 밭에서 연간 소출이 2,000만 원 정도이고, 연간 이자율이 2%라면 병목이네 밭은 $\frac{2000}{0.02}$ = 10억이 기본가치가 된다. 이제는 알겠지?"

"감이 오지 않습니다."

"계속할게. 병목이처럼 피부가 희고, 말총머리를 한 어떤 특등사수가 마음에 드는 여자친구가 아주아주 소중해서."

"설명에서 피부 흰 거랑 헤어스타일이랑 특등사수였던 건 아무 관련이 없는데 괜히 끼워 넣으십니다."

"아니다. 꼭 필요하다. 병목이의 특징을 좋아하는 취향의 처녀에 대한 절대가치를 계산하는 거니까."

"??"

"그래서 병목이는 자신의 특징을 좋아해 주는 그 처녀를 올림포스 산정 근처의 숲에 사는 님프처럼 대우하기로 했다. 커피값-밥값-빵값-영화비-100일 기념-생일 등등으로 한 달에 평균 10만 원을 썼다. 연간 계산은 120만 원이다. 그런데 연간 이자율이 2%니, 병목이의 님프 가치는 $\frac{120만}{0.02}$ = 6,000만 원이 되는구나."

그리스 신화가 열린 이래로 이 만큼 형편없는 님프 가치는 처음 듣는다.

"병목이는 밭만 해도 10억이니 식당 두 군데와 예금액을 합치면 자산이 40억쯤 되는구나.

$$\frac{님프\ 가치}{자산} = \frac{6,000만}{40억} = 0.015$$

이건 뭐지? 딱 1.5%네! 절대가치가 6,000만 원이고, 상대 가치가 1.5%인 님프로구나!"

"논리는 깨끗한데 표현은 제게 대한 중상모략 범벅이십니다!"

"애 셋 낳은 선녀도 나무꾼 버리고 도망가는데, 너의 님프도 곧 숲으로 복귀하겠다."

"진짜 중상모략 범벅입니다. 그런데 여자친구의 상대 가치가 몇 % 정도면 안전합니까?"

"아폴로 신께 여쭤볼게!"

<요약 정리>

지금까지의 내용을 정리하면,
표지에 있는 3개의 질문에 수렴된다.

① 문제란 무엇인가?
→ 현재상태나 목표로 하는 상태 사이에 차이가 있는 것.
↷ 현재상태와 목표상태 사이의 차이가 없어지면 문제도 사라진다.
문제해결은 현재상태와 목표상태 사이의 차이를 없애는 것이 된다.
문제해결은 :
Ⓐ 목표상태를 현재상태에 맞춘다.
Ⓑ 현재상태를 목표상태에 맞춘다.
Ⓒ 현재상태와 목표상태를 서로 맞춘다.
이들 중 실생활에서 가장 중요한 것은 Ⓑ다.

② 세상의 모든 문제들은 어떤 특성을 가지는가?
→ 세상의 모든 문제들은 현재상태와는 차이가 있는 새로운 목표상태를 설정하면서 발생한다.
모든 목표상태는 인간이 가지는 개체보존본능과 종족보존본능의 요구에 의해 나타난다.

이렇게 설정되는 목표상태는 당연히 개개인이 갖는 개체보존본능과 종족보존본능에 따라 달라진다. 개체보존본능과 종족보존본능은 문제의 발생요인이면서 동시에 문제해결의 열쇠가 된다.

↷ 문제해결은 현재상태를 목표상태로 바꾸어 주는 요인을 찾는데 열쇠가 있다. 그러기 위해서는 현재상태가 목표상태로 접근하는 것을 방해하는 요소를 관리하는 것도 문제해결의 열쇠가 된다.

이런 관점에서의 검토는 모든 문제들을 5가지 유형으로 나눌 수 있게 한다.

③ 문제들은 어떤 해결원리를 따르는가?

→ 문제의 구성이

인간이면 개체보존본능과 종족보존본능에 의해서 해결된다.

자연이면 물리법칙에 의한 작용력의 크기에 따른다.

미끼사용원칙은 대상이 인간인 경우 효율적이고, 문제가 game일 때는 특히 유용하다.

↷ 오직 5가지의 문제들이 다양한 분장으로 나타날 뿐이다. 그래서 우리는 전혀 다른 분야의 문제들을 보면서 기묘한 유사성을 느낀다.

F

부 록

F.1. 고유설계

문제해결방식 중에 목표상태 디자인이 있다. 목표상태 디자인에서 가장 중요한 것이 고유설계다. 목표상태가 갖는 목적과 필수기능을 알 때, 고유설계가 가능하면 많은 문제를 해결할 수 있다. 그래서 고유설계에 관해 다시 설명한다.

[그림 54]는 목표상태 디자인에서 (새로운 전체기능과 제약조건이 제시되고, 이러한 전체기능을 발현시키는 기능구조가 제안되는) 고유설계의 단계별 처리내용을 나타내고 있다.

고유설계가 바탕이 되는 적응설계와 적응설계가 바탕이 되는 변형설계는 따로 설명하지 않는다.

[그림 54]의 순서별 처리내용:

① 요구사항 목록화

목표상태가 갖춰야 할 것들에 대한 요구사항목록을 작성한다. 이들 목록에는 목표상태의 필수기능과 보조기능들에 관한 요구사항들과 제약들이 수록된다.

② 요구사항 목록의 귀납 추론

요구사항 목록에서 개별적 요구특성은 제거하고, 공통적인 요구특성을 남긴다. 이렇게 남겨진 공통특성으로부터 목표상태가 지녀야할 전체기능과 필수적인 제한들을 추출하고 이를 정성적으로 표현한다.

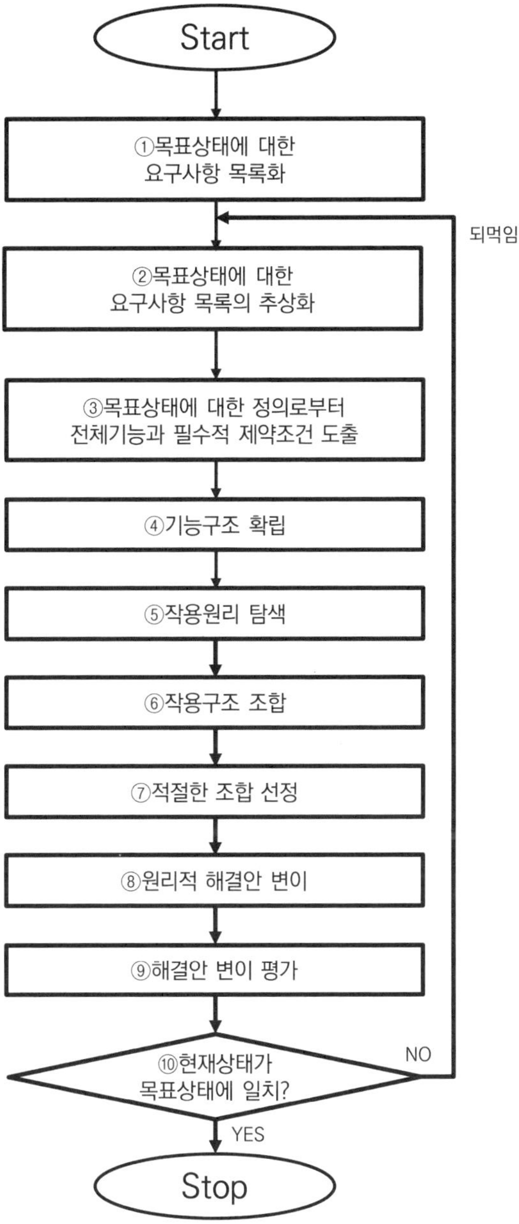

[그림 54] 고유설계의 단계별 처리내용

여기서 "귀납 추론"이란, 관찰대상의 개별적 특징은 제외시키고 공통 특성만을 추출하여 이것을 정성적으로 표현하는 것이다. 그리고 "정성적"이란 (수치로 표현 가능한 정량적이라는 용어에 대응되는 것으로) 그 특성을 어떤 상황적 묘사로 나타내는 것이다.

음식점의 맛 품평을 예로 들면, 〈표 10〉과 같다.

〈표 10〉 음식 맛의 품평으로 대비시킨 정량적 표현과 정성적 표현

구분	정량적 표현	정성적 표현
1등급	★★★★★	아주 맛있다.
2등급	★★★★	맛이 있다.
3등급	★★★	맛이 보통이다.
4등급	★★	맛이 별로다.
5등급	★	맛이 형편없다.

귀납 추론은 필수기능이나 특성과 제약을 파악할 수 있게 하며, 이렇게 파악된 기본기능이나 필수특성을 기능구조 설계로 구현할 수 있게 한다.

③ 목표상태에 대한 정의로부터 전체기능과 필수적 제약조건의 도출

요구사항목록을 귀납 추론하면, 전체기능과 필수적 제약조건이 도출된다. 이것이 정해지면, 필수적인 제약조건을 준수하면서 반드시 갖춰야 할 전체기능을 발현시키는 기능구조를 계획할 수 있게 된다.

④ 기능구조 확립

목표상태의 전체기능을 필수적 제한 아래 구현시키기 위해서, 어떤 하부기능들의 조합이 전체기능을 이루는지 찾아내고, 이들 하부기능들의 조합으로 필수기능을 구현시킬 방법을 결정한다. 이러한 기능구조 확립은 목표상태의 정의(definition)에서 출발된다. 특정 제품이나 상황이나 상태에 대한 정확한 정의 속에는 필수적 요구기능들과 제약이 반드시 포함되고 있기 때문이다.

예를 들면, 현대적 의미에서의 배는 "부양성과 적재성과 이동성을 동시에 갖춘 수상구조물"로 정의된다.

이 정의 속에는 배는 물에 떠야 하고, 사람과 화물을 실을 수 있어야 하며, 출발지에서 목적지까지 갈 수 있어야 한다는 것이 들어있고, 이렇게 할 수 있는 목표상태의 전체기능을 (부양성+적재성+이동성)으로 나타내고 있다. 그리고 "수상구조물"이라는 표현 속에는 필수적 제약이 들어있다. 육상이나 공중에서 운용되지 않고 오로지 바다나 호수나 강을 이루는 물에서 운용되는 구조물이라는 조건이 명시되고 있다.

전체기능을 이루는 필수기능들이 (서로 묶인) 유기적 상호관계를 가질 때는 요구기능의 적절한 구현이 쉽지 않다. 그래서 목표상태의 전체기능을 발현시키는 기능구조 설계에서는 "기능분화의 원칙"을 활용한다. 전체기능을 이루는 각각의 기능을 독립적으로 나누어 구현시키면서, 이들 서로 다른 기능 사이의 충돌을 절충(trade-off)으로 조정하는 것이다.

[그림 55]에서 전체기능은 부분기능들로 나눠져서 발현되고, 부분기능들은 각각의 기능을 발휘할 수 있도록 세부기능과 하부기능으로 나눠져서 기능분담을 하게 된다.

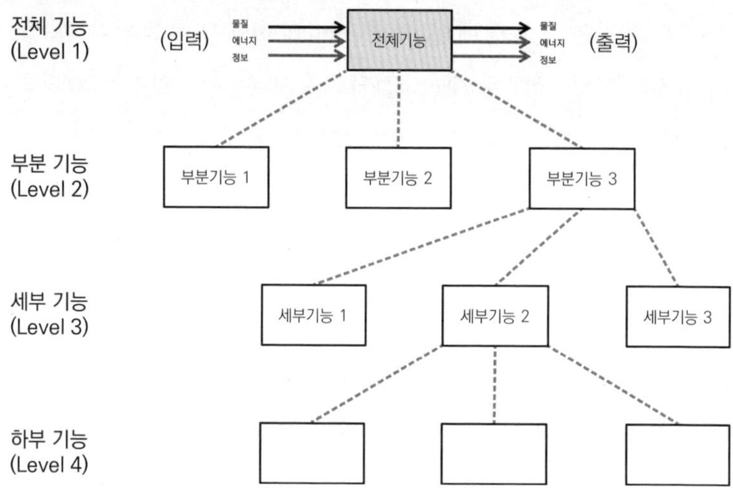

[그림 55] 기능구조의 구성

⑤ 작용원리 탐색

기능이나 성능은 입력과 출력 사이의 물리적 효과로서 기하학적 배치와 물리적 특성의 결합으로 나타난다. 기능(function)은 "입력과 출력 사이에서 나타나는 성능특성"이다. 이에 따라 필수기능은 필수적인 성능특성으로 이해된다. 예로 들었던 배의 정의는 "부양성능+적재성능+이동성능을 가지는 수상구조물"이었는데, 요구되는 필수성능(부양성이나 적재성 또는 이동성)이 어떤 메커니즘을 통해서(어떤 물리적 작용의 결합으로) 나타날 수 있는 기능구조인지를 찾는 것이 작용원리의 탐색이다.

⑥ 작용구조 조합

목표상태에서 요구되는 전체기능을 구현시키려면 기능분화 원칙에 따라서 전체성능을 이루는 하부기능들을 묶어주는 기능구조를 설계해야 한다. 필수기능들의 구현이 가시화되면, 이들 사이에 간섭이나 상호작용(interaction) 또는 선행관계의 검토와 에너지 변환(기계), 정보변환(장비), 재료변환(장치)의 효율성이 고려된 구성을 찾는 작업을 해야 한다. 요구기능을 발현시키는 기계-장치-장비들의 무게와 부피 등도 검토된다. 작용구조는 작용원리들이 복합적으로 모여서 만들어내는 구조로서, [그림 56]과 같이 기능분화를 통해 요구되는 전체기능을 창출한다.

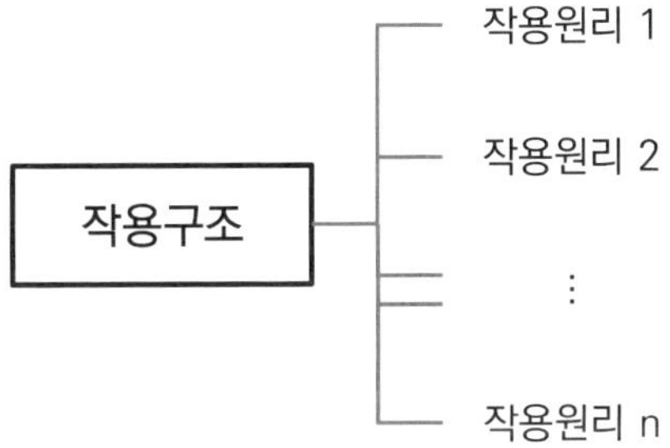

[그림 56] 기능분화를 통한 작용구조

⑦ 적절한 작용구조 조합의 선정

작용구조 조합은 목표상태가 지녀야 할 필수적인 요구 성능을 발생시키는 하부기능들의 조합이다. 이 조합은 사용되는 기계와 장치와 장비, 그리고 사용위치와 사용시간의 변이에 따라 순열로 다양한 작용구조의 조합이 나타난다. 이들 조합 중, 기하학적인 제약, 물리법칙의 위배, 비용의 초과와 같은 제약조건을 위배하는 조합들을 제외한다. 제약조건들을 위배하지 않는 조합 중에는 경제성 관점, 환경적 관점, 인간공학적 관점 등에서 평가하여 최적의 작용구조 조합을 골라낸다.

이들 평가항목 중 가장 중요한 경제성 관점의 평가는 비용혜택 분석이나 자본회수계수인 CRF(Capital Recovery Factor)나 요구운임률인 RFR(Required Freight Rate)를 주로 사용한다.

1. CRF(Capital Recovery Factor, 자본회수계수)는 초기투자액에 대한 연간수입이다. 당연이 그 값이 클수록 좋은 투자를 의미한다. 그러나 보다 중요한 것은 CRF가 충돌문제의 비교기준이 될 수 있는 점이다.

$$CRF = \frac{\text{연간수입}}{\text{초기투자액}} = \frac{f_2(\overline{x})}{f_1(\overline{x})},\quad \overline{x} = (x_1, x_2, \cdots, x_n; \text{설계변수})$$

인데, 초기투자액은 설계변수의 함수가 된다.

예를 들어 배를 건조할 때, 배의 길이=L, 폭=B, 깊이=D, 속도=$\overline{v}$로 둔다면,

배가 커지면 길이↑, 폭↑, 깊이↑이고 속도까지 빨라지면 $\overline{v}$↑로 된다.

당연히 건조 선가는 배가 커지고, 빨라지면 올라간다. 이것을 식으로 나타내면 $\overline{x}$를 설계변수들이라고 할 때 초기투자비=건조비=$f_1(\overline{x})$가 된다. 그리고 연간수입도 역시 설계변수들의 함수가 된다. 배가 커지고, 선속이 빨라지면, 1년 동안의 운송화물량이 증가하게 되어, 연간수입도 늘어날 것이기 때문이다. 이러한 관계를 $f_2(\overline{x})$로 나타내면,

$$CRF = \frac{f_2(\overline{x})}{f_1(\overline{x})}$$

로 된다. CRF는 설계변수의 함수라는 의미다. 초기에 들어간 돈에 대해서 매년 들어오는 수입을 나타내니, 그것이 많으면 많을수록 좋다. 그래서

$$Max.\ CRF = \frac{f_2(\overline{x})}{f_1(\overline{x})}$$

를 수학적 방법으로 찾으면, 그때의 설계변수 값들은 배의 기능들이 충돌할 때 우리가 찾고 싶어 하는 절충 값을 나타낸다.

2. RFR(Required Freight Rate, 요구운임률)은 연간운송화물량에 총비용을 의미한다. 들어가는 비용이니 그 값이 작을수록 좋다는 것을 알려준다.

$$RFR = \frac{\text{총비용}}{\text{연간운송화물량}} = \frac{\text{건조비} + \text{운항비}}{\text{연간운송화물량}} = \frac{g_2(\overline{x}) + g_3(\overline{x})}{g_1(\overline{x})}$$

RFR은 단위운송화물량에 대한 비용이니 중동에서 우리나라로 오는 유조선의 경우라면, 설계변수(길이, 폭, 깊이, 속도)값이 클수록 배가 커지고 빨라서 연간운송량이 많아지는 함수관계를 가지게 된다. 이와 동반해서 설계변수가 커지면, 들어가는 비용도 커진다. 건조비와 운항비가 비용인데,

RFR도 CRF처럼 공학적 기능의 비교능력이 있기에 충돌문제의 절충(Trade-off)에 사용된다.

평가 대상의 수입이 예상되는 경우에는 CRF가 편리하고,

평가 대상의 수입이 예상되지 않는 경우에는 지출을 생각하는 것이 편리해서 RFR을 쓴다.

⑧ 원리적 해결안 변이

"원리적 해결안은 작용구조들에 대한 정량적 평가로 결정된 기능구조 조합이다. 작용구조들은 성능을 나타내는데, 정량적 평가로 어떤 작용구조가 가장 좋은 것인지 판단할 수 있는 자료를 만드는 것이 필요하다. 이때는 원리적 해결안을 기준으로 기하학적 변이를 주고 그에 따르는 성능을 비교한다.

⑨ 해결안 변이의 평가

작용구조들은 부분기능들의 작용원리를 배합하여 얻어지고, 원리적 해결안은 작용구조들에 대한 정량적 평가로 얻어진다. 이렇게 얻어진 해결안에 parametric study를 하면 원리적 해결안의 변이가 이뤄지고, 이들을 비교하여 평가결과를 정량적으로 나타내면 해결안 변이의 평가가 된다. 이 해결안의 평가는 곧바로 현재상태와 목표상태와의 일치 정도를 나타낸다. 여기서, parametric study란, 기능들의 발현에 영향을 주는 입력변수들을 체계적으로 나누고, 이렇게 나눠진 입력값에 대응하는 출력값으로 작용구조들에 대한 정량적 평가를 하는 것을 의미한다.

⑩ "현재상태가 목표상태에 일치하는가?"

이 질문의 대조에 yes면 고유설계가 완성된다. 이 질문에 no면 요구사항 목록의 귀납 추론으로 되먹임된다.

F.2. 용어

〈사과의 법칙〉

시작이 모호하거나 명료하지 않으면, 그 뒤의 온갖 내용을 다 알더라도 그 전체를 모르게 된다는 것

〈거리역제곱의 법칙〉

어떤 단위 요소를 둘러싸고 있는 장의 크기 F는 요소 m으로부터의 거리 r의 제곱에 반비례하여 변화한다는 것

〈게임(Game)〉

나(또는 우리)의 의사결정만이 결과에 영향을 미치는 것이 아니라, 상대방의 의사결정도 결과에 영향을 미치는 상황이나 사안

〈가치〉

$$\text{가치} = \frac{\text{기능}}{\text{비용}}$$

〈기능〉

입력과 출력 사이의 일반적인 관계(성능특성)

〈기능구조 조합〉

목표로 하거나 목적으로 하는 어떤 상태의 발현을 위해 필수적인 기능들의 유기적인 결합구조

〈기회비용〉

어떤 목적이나 목표에 도달하기 위해 소요되는 최소의 비용과 이와는 다른 어떤 방법을 선택했을 때 소요되는 비용의 차이

〈기회비용 최소원칙〉

선택 대안들이 있을 때, 최선의 선택은 기회비용이 가장 적은 대안이라는 것

〈돈의 기능〉

① 직접기능 : 재화, 서비스, 특허 등의 착상과의 교환능력

② 간접기능 : 기능들의 간접비교 능력

〈란체스터(Lanchester) 법칙〉

힘은 양의 제곱에 비례한다는 것

〈목표 or 목적〉

문제의 해결에서 현재상태와 차이가 있는 어떤 상태

〈문제〉

현재상태와 목표상태의 차이를 가지는 것

〈문제해결〉

현재상태와 목표상태의 차이를 없애주는 것

〈미끼(bait)〉

문제 상황에서 상대방의 입장을 약화시켜 설계자의 의도가 관철될 수 있도록 만들어주기 위해 투입되는 모든 것

〈바퀴벌레 법칙〉

"바퀴벌레 법칙"은 "여기 한 마리의 바퀴벌레가 보이면, 눈에 보이지 않는 30마리(그날 날씨가 쾌청해서 기분이 좋으면 덤을 보태서 50마리)의 바퀴벌레가 더 있다"는 것이다. 어떤 case가 하나 있다면, 그 case와 내용이 같은, 다루지 않는 50개의 사건들이 더 있다는 것을 전제로 한다는 의미다. "내용이 같은"의 의미는 역사와 소설의 구분으로 이해해야 한다. "역사란 지명과 인명, 그리고 시간은 사실이지만 내용은 진실이 아닌 것이고, 소설은 지명과 인명, 그리고 시간은 틀리지만, 내용은 사실인 것이다."고 한다. 그러므로 "내용이 같은"이란 지명, 인명, 시간대는 맞지 않지만 사건의 내막은 사실이어서 case 예문과 유사한 것이라는 뜻이다.

〈변형설계〉

적응설계를 토대로 배치나 배열을 변경시켜서 기능구조의 기하학적 효율화를 시도하는 것

〈비용〉

문제해결을 위해 일정규모의 자원, 에너지, 정보의 투입 가능한 총량을 의미한다. 모든 문제는 그 문제의 해결에 사용할 수 있는 총비용의 한계치가 있다.

〈선적응〉

생물의 진화에서 과거의 환경에 적응했던 결과로 갖춰진 기능이 미래의 상황이나 환경에 미리 맞춰서 준비시킨 것처럼 유용한 것

〈설계〉

목표로 하거나 목적으로 하는 상태를 발현시킬 수 있는 기능구조 조합을 계획하는 작업

〈설계변수〉

입력으로 들어가서 출력에 영향을 주는 요소들 중에서 설계자가 관리할 수 있는 것

〈CRF(Capital Recovery Factor, 자본회수계수)〉

초기투자액에 대한 연간수입. 그러므로 그 값이 클수록 좋은 투자를 의미한다. 그러나 보다 중요한 것은 CRF가 충돌문제의 절충 값을 평가할 수 있는 비교기준을 지닌 것이다.

$$CRF = \frac{\text{연간수입}}{\text{초기투자액}} = \frac{f_2(\overline{x})}{f_1(\overline{x})}, \quad \overline{x} = (x_1,\ x_2,\ \cdots,\ x_n\ ;\ \text{설계변수})$$

이므로, CRF는 설계변수의 함수가 된다.

〈RFR(Required Freight Rate, 요구운임률)〉

연간운송화물량에 총비용을 의미한다. 들어가는 비용이니 그 값이 작을수록 좋다.

$$RFR = \frac{\text{총비용}}{\text{연간운송화물량}} = \frac{\text{건조비} + \text{운하비}}{\text{연간운송화물량}}$$

〈유해요소〉

상황이나 상태 또는 해당 시스템을 기능정지상태로 밀고 가는 물리적 작용요소

〈의사결정〉

(실행 가능한) 몇 가지 대안들 중 어떤 것을 선택하는 것

〈작용공간〉

그 공간 내에 존재하는 모든 자원의 사용 가능성을 의미한다. 이 말을 뒤집으면 작용공간 밖은 어떤 자원의 이용도 허용되지 않는다는 뜻이다.

〈작용시간〉

문제의 해결에 이르기까지 허용될 수 있는 시간을 말한다. 모든 문제에 작용시간은 가장 중요한 제약이다. 문제는 시간적 위치에 따라서 문제가 갖는 중요도가 바뀌고, 때로는 문제의 의미마저도 변하기 때문이다. 그러므로 문제들에서 작용시간의 허용범위를 벗어나는 문제해결은 의미가 없다. 물에 빠진 사람을 당장 건져내야 하는 문제에서는 허우적거리는 사람을 건져내기 위해서 천 리 밖에 있는 올림픽 수영의 금메달리스트를 불러오는 바보짓은 해결책이 아니다. "먼데 (있는) 물로는 가까운 불을 끌 수 없다!"라는 명언도 문제해결을 제한하는 작용시간에 대한 말이 된다.

〈잡음(noise)〉

입력으로 들어가서 출력에 영향을 주지만 설계자가 관리할 수 없는 것

〈적응설계〉

(설계를 제한하거나 한정하는) 설계조건의 변경이나 변화를 수용하는 것으로서 고유설계를 바탕에 깔고, 변화된 설계요구조건에 맞춘 것

〈귀납 추론〉

귀납 추론은 관찰대상의 개별적 특징은 제외시키고 공통 특성만을 추출하여 이것을 정성적으로 표현하는 것

〈충돌문제〉

서로 연동된 특성이나 기능들 사이에 어느 하나를 개선시키면, 다른 어떤 것이 나빠지는 두레박 효과를 가지는 것

〈큰 수의 법칙〉

큰 수의 법칙은 "관찰대상이 많고, 충분한 시간이 주어지면, 물리적으로 불가능하지 않는 모든 일이 발생한다."이다. 그러므로 믿을 수 없는 어떤 일이 발생했다는 기적 같은 경우에 대해서는 먼저 물리적으로 가능한 것인지를 따져본다. 그래서 물리적으로 불가능하지 않다면, "그럴 수도 있다."고 믿는다. 그런데도 믿기 어려우면 그 상황에 내재된 요소들의 기댓값이 직렬로 연결되는 Drake 방정식을

사용한다. 그래서 그런 사건이 얼마나 드문지 또는 흔한지를 파악한다. 드레이크 방정식이란, $f(x) = \prod_{t=1}^{u} A_t = A_1 \times A_2 \times \cdots \times A_u$ 로 어떤 사건이 발생할 가능성을 검증할 때, 원인과 결과가 연결되는 사건들을 직렬로 배치하고, 각각의 사건에 대한 발생확률을 곱해주는 것인데, 정말 간단하면서도 쓸모는 많다.

〈Tit for Tat〉

"Tit for Tat"는 "이기적인 유전자"에 우아하게 설명되어 있다. 요지는 단순하다. 상대방 따라가기다. 예를 들어, 처음 만나는 사람에게 우호적인 인사를 한다. 상대방이 미소를 띠며 나도 상대에게 미소로 답한다. 그렇게 해서 서로 편안해지고 가까워진다. 그렇게 10년 지기가 된 뒤에 상대방이 갑자기 눈을 흘기면, "10년 친구가 왜 저러는지 모르겠네! 무슨 사정이 있겠지."하고 넘어가 주지 않고, 나도 똑같이 눈을 흘겨준다. 그래서 서로 상호대응적으로 사이가 점점 험악해지다가도 뜻밖에도 상대방이 웃으면 나도 웃어준다. 그러니 우리가 자주 듣던 "한쪽 뺨을 맞으면, 다른 뺨도 내밀어라!"는 것은 있을 수 없다. 그런데 생물계에서 이 전략은 아주 성공적인 것으로 밝혀졌다. 살면서, 악인과 엮이지 않는 것도 큰 행운이지만, 악인을 조금 일찍 분별할 수 있으면 위험지수는 내려가고 안전지수는 올라간다. 그리고 악인도 등급이 있어서 알짜 악인과 얼치기 악인이 있는데, 그 구분은 아주 쉽다. 사람들은 형편에 쫓겨 나쁜 짓을 하는 경우가 있다. 너무 배가 고파서 지나가는 행인을 털겠다고 목표상태를 설정한 사람들 대부분은 자신의 가족과 친구, 그리고 이웃을 피해서 어딘가 제법 먼 곳으로 나쁜 짓의 실행장소를 정한다. 그리고는 목표상태에 도달하면, 꽁지 빠지게 홈그라운드로 와서 복지부동 자세로 들어간다. 그런데 가끔씩 그렇게 멀리 나가시지를 않고, 앉은 자리에서 부모-형제-친구-이웃을 터는 물건들이 있다. 이들이 바로 순도 높은 악인이다. 이런 물건들에게 딱 맞는 대접이 Tit for Tat가 된다.

〈Parametric Study〉

기능들의 발현에 영향을 주는 입력변수들을 체계적으로 나누고, 이렇게 나눠진 입력값에 대응하는 출력값으로 작용구조들에 대한 정량적 평가를 하는 것

〈Pascal 원리〉

"Pascal 원리"는 밀폐된 액체의 한 부분에 가해진 압력은 같은 압력으로 액체의 각 부분에 전달된다는 것이다. 우리가 한 번씩 듣는 속담, "등을 치면, 배가 울린다!"와도 맥이 통한다. 이것을 간단한 그림으로 나타내면 :

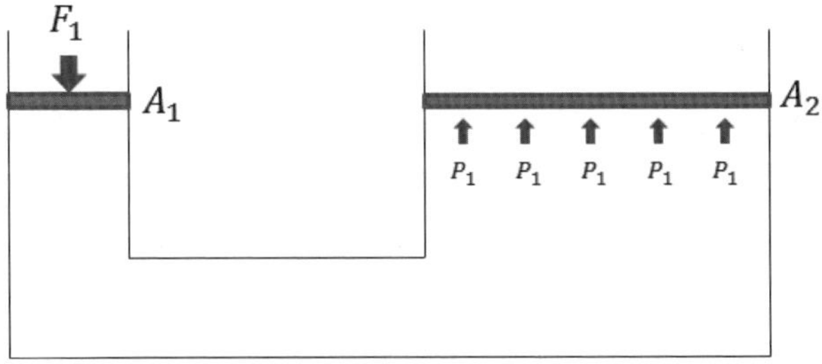

[그림 57] Pascal 원리

단면적이 A_1 인 판에 힘 F_1 이 가해지면 단면 A_1 이 맞는 압력 P_1 은

압력 = $\frac{힘}{면적}$ 에서 $P_1 = \frac{F_1}{A_1}$

힘 F_1 에 의해서 단면적 A_1 에 생긴 압력 P_1 은 Pascal의 원리로 모든 면에 같은 크기의 압력인 P_1 으로 작용한다. 그래서 단면 A_2 에도 압력 P_1 이 작용한다. 단면 A_2 에 나타나는 압력 P_1 에서 단면적 A_2 가 받는 힘을 F_2 라 하면

압력 = $\frac{힘}{면적}$ 에서

↷ 힘 = 압력 × 면적

$$F_2 = P_1 \times A_2 = (\frac{F_1}{A_1}) \times A_2 = F_1 \times (\frac{A_2}{A_1})$$

Pascal의 원리가 얼마나 쓸모 있는지 예를 들면,

단면적 $A_1 = 25\ cm^2$

힘 $F_1 = 10\ kg$

단면적 $A_2 = 2500\ cm^2$

힘 $F_2 = F_1 \times (\frac{A_2}{A_1})$ 에서

$$F_2 = 10\ kg \times (\frac{2500\ cm^2}{25\ cm^2}) = 10\ kg \times 100 = 1000\ kg$$

→ 단면적 A_1 을 10 kgf 의 힘으로 누르면, 단면적 A_2 에서는 1000 kgf 의 힘이 작용한다.

〈평균으로의 회귀〉

평균으로의 회귀는 무작위 변동은 다시 제 위치로 되돌아간다는 것이다. 설명할 수 없이 높게 나오는 승률의 야구팀은 곧 원래의 평균 승률로 복귀하는 것이 한 예가 된다.

〈평범성 원리〉

우리가 일상에서 드물게 볼 수 있는 대부분의 경우들이 특별하지 않고, 평범하다는 것이 "평범성 원리"이다. 이 평범성 원리는 공간에서의 평범성과 시간에서의 평범성으로 나눌 수 있다. "그렇다면 무엇이 특별하고 무엇이 평범한지의 구분을 할 수 있는가?" 하는 질문이 나타난다. 공간이건 시간이건 좌표원점에 위치하면 특별하고, 좌표원점에 위치하지 않으면 평범하다는 것이 구분지표가 될 수 있다. 모든 사람은 세계를 인식하는 좌표계를 갖고 있고, 그 좌표계의 원점에 자신을 놓고 있다. 그래서 자신이 세계의 중심이 되고, 오직 자신만 특별하다. 그렇기 때문에 못생긴 사람도 거울을 들여다보고 앉았고, 립스틱을 필두로 한 온갖 치장 용품들이 특별한 사람들을 위해 끝없이 팔린다.

G

참고문헌

참고문헌

이 책에서는 이전의 연구된 문헌을 인용하는 것이 몹시 힘들었다. 그것은 선행연구가 찾아지지 않았기 때문이다. 그래도 인용된 책들은 많다. 특히, 'Engineering Design'은 기능구조 조합의 인용을 의미있게 해주었다.

1. Gerhard Pahl 외 1인, Engineering Design
2. Livius, Römische Geschichte der zweite punische krieg.
3. Herodot Geschichte.
4. Xenophon, Anabasis.
5. Tacitus, Annalen.
6. Tacitus, Geschichte.
7. Tacitus, Germania.
8. Theophrast, Charaktere.
9. 손무, 손자병법
10. 그리스 로마 신화
11. 동주 열국지
12. Antony Beevor, Stalingrad.
13. 히토미, 생산시스템공학

14. White 외, 경제성공학
15. 클라우제비츠, 전쟁론
16. 풀러, 기계화전
17. Charles Seife, 만물해독
18. Stephen Webb, 모두 어디있지?
19. Julius Caesar, der gallische krieg.
20. 배의 역사
21. 조선왕조실록
22. 장자
23. 한비자
24. 마키아벨리, 군주론
25. 정의종, 전략, 전술, 그리고 작전
26. Ploetz, Alexander der Groβe.
27. 리차드 도킨스, 이기적 유전자
28. 날리카, 별의 일생
29. 호머, 일라이드, 오디세이
30. Thukidides, Der Peloponnesische krieg.
31. Cornelius Nepos, Biographien beruehmter manner.
32. A.클락, 바르바로사
33. 니체, Antichrist
34. 주역
35. 전국책

감사의 말

"읽어주지도 않을 책을 왜 쓰는 거예요?" 하면서 나를 격려하는 아내에게 책을 다 썼다고 말하면서 기뻤다.

"책은 다 썼나?"하고 재촉하던 브레멘대학교의 Andreas Kraus 교수에게도 "그렇다!"고 알릴 수 있어 좋았다.

형제라기보다는 오랜 친구 같은 동생 성원이가 어느 날 이야기 중에 "형님, 우리도 책을 씁시다!"라고 했는데, 그 말이 이 책의 씨앗이었다.

내가 봐도 책이 어수선했다. 갑자기 차정인 교수님(부산대학교 총장)이 생각나서 다짜고짜 교정을 부탁했다. 그때, 나는 그분이 그렇게 바쁜 시기인 줄은 전혀 몰랐다. 바빠서 도저히 못 한다 하시더니, 며칠 뒤 칼질을 확실히 하여 군더더기를 모두 정리해 주셨다.

김신곤, 강만선, 임효관 세 분은 평생에 걸쳐서 축적된 배의 설계와 검사 그리고 운용 경험을 투영해 주셨다.

부산대학교 조선해양공학과의 김명현, 신성철 교수님은 표지, 철자, 구성에 관해 깊이 있는 조언으로 등을 밀어주셨다.

어떤 말도 없이, 병목이는 나의 손이 되어주었다.